U0323251

典型电子废弃物
高温协同熔炼技术基础

严 康　张忠堂　徐志峰　陈 清　刘志楼　著

扫描二维码，
查看本书部分彩图

北 京
冶金工业出版社
2023

内 容 提 要

本书共分 7 章，内容包括典型电子废弃物资源的属性及产生量、典型电子废弃物处理技术现状、废旧电路板高温热分解过程行为、废旧电路板协同熔炼过程热力学、废旧电路板高温富氧顶吹熔炼及元素分配行为等。

本书可供有色金属冶炼、有色金属资源循环、环境保护等工程领域的科研人员、高等院校相关专业师生阅读，也可为电子废弃物资源化回收、金属二次资源综合利用等领域的从业人员提供参考。

图书在版编目（CIP）数据

典型电子废弃物高温协同熔炼技术基础/严康等著. —北京：冶金工业出版社，2023.11

ISBN 978-7-5024-9676-0

Ⅰ. ①典… Ⅱ. ①严… Ⅲ. ①电子产品—废物处理—熔炼 Ⅳ. ①X76

中国国家版本馆 CIP 数据核字（2023）第 229096 号

典型电子废弃物高温协同熔炼技术基础

出版发行	冶金工业出版社	**电　话**	（010）64027926
地　址	北京市东城区嵩祝院北巷 39 号	**邮　编**	100009
网　址	www.mip1953.com	**电子信箱**	service@mip1953.com

责任编辑　王　双　美术编辑　彭子赫　版式设计　郑小利
责任校对　梁江凤　责任印制　禹　蕊

三河市双峰印刷装订有限公司印刷

2023 年 11 月第 1 版，2023 年 11 月第 1 次印刷

710mm×1000mm　1/16；11.75 印张；224 千字；175 页

定价 89.00 元

投稿电话　（010）64027932　投稿信箱　tougao@cnmip.com.cn
营销中心电话　（010）64044283
冶金工业出版社天猫旗舰店　yjgycbs.tmall.com
（本书如有印装质量问题，本社营销中心负责退换）

前　　言

电子废弃物又称为废弃电子电器产品，主要包括废旧家电（如电视机、冰箱、空调等）、废旧电子通信设备（如手机、电话、传真机等）、废旧办公设备（如打印机、电脑、复印机等），以及被淘汰的精密电子仪器仪表等。随着手机、电脑、家电等电子产品更新换代的速度不断加快，电子废弃物的产生量急剧增加。电子废弃物不仅数量庞大，而且种类繁多、成分复杂，显示出兼有环境污染性和资源性的双重特征。电子废弃物的主要组成材料为金属材料和高分子材料。其中金属包括铅、铬、汞和镉等有毒有害金属，还包括金、银、铂、铜、锡、铝和铁等可回收利用的有价金属；有机高分子材料包括多溴二苯醚 PBDE 和多氯联苯 PCB 等。电子废弃物的快速增长给生态环境带来了巨大的威胁，因此电子废弃物的减量化、无害化和资源化处理，对保护人类赖以生存的环境及资源循环利用有重要的作用，也对发展循环经济和建设可持续发展的生态文明社会具有重要意义。如何构建高效的管理体系，实现电子废弃物的资源化利用可持续发展，已成为全球各国面临的共同课题。

电子废弃物的资源化回收是一个复杂的过程。由于电子产品的材料组成存在差异和元器件结合方式复杂，因此在回收过程中不容易实现分离。资源化回收是将电子废弃物中的金属和非金属物质进行全部回收再利用。常用的回收技术包括：机械处理技术、湿法冶金技术、火法冶金技术、焚烧或几种技术组合使用。电子废弃物火法熔炼具有以下优点：(1) 原料适应性强，可处理多种电子废料；(2) 熔炼过程集中在剧烈搅拌的高温熔池中进行，过程传质、传热条件好；(3) 熔炼强度大，生产效率高，过程容易控制。可以看出，电子废弃物以高温燃烧特征的火法冶金技术进行处理较具发展潜力，是资源化回收利用的有效方法。在有色金属冶炼过程中会产出大量的金属二次物料，主要包括工业废渣（如铜浮渣、含铜污泥、铜镉渣等）、低品位杂铜（如黑铜、残极、废阳极等）。这些产生量大、种类多、元素成分差别大、来源广泛的复杂金属二次资源一般采用鼓风炉火法处理，其冶炼过程劳动条件差、热效率低、炉衬寿命短、存在环境污染严重等问题，亟待改善。基于电子废弃物火法处理的优越性，以及金属二次物料回收的复杂性和难处理性，将电子废弃物与金属二次物料进行高温协同熔炼，以期实现金属二次资源利用的最大化，以获得较高的经济效益和应用前景。

作者及其研究团队针对典型电子废弃物高温协同熔炼的特点，通过热力学分析并结合现有的分析测试技术，开展了典型电子废弃物高温协同熔炼过程中的机理研究，取得了阶段性的研究成果并著成本书。本书共分7章，第1章介绍了典型电子废弃物资源的属性及产生量，第2章介绍了典型电子废弃物处理技术现状，第3章介绍了实验装置及测试方法，第4章介绍了废旧电路板热分解过程行为研究，第5章介绍了废旧电路板协同熔炼过程热力学研究，第6章介绍了废旧电路板高温富氧顶吹熔炼试验，第7章介绍了废旧电路板熔炼过程元素分配行为。本书可供有色金属冶炼、有色金属资源循环利用和电子废弃物资源化回收等相关领域的科研人员、高等院校相关专业师生阅读和参考。

　　本书主要由江西理工大学严康和张忠堂撰写，江西应用技术职业学院徐志峰教授参与了部分书稿的撰写和审定工作，陈清博士和刘志楼副教授参与了第1章和第3章部分内容撰写工作。此外，硕士生聂思怡（第2章）、刘重伟（第4章和第5章）、刘丽萍（第6章）、全温灿（第7章）分别参与了部分实验设计、数据分析、图形绘制和图书内容整理工作，在此表示诚挚的感谢。在本书编写过程中，参考了大量关于电子废弃物资源化回收技术、废旧电路板高温熔炼处理及相关表征等方面的文献，在此向有关作者表示诚挚的谢意。

　　本书涉及的科研项目获得了国家自然科学基金重点项目（"锡元素在电子废料协同熔炼过程的定向迁移调控研究"，项目号：51904124）和江西省自然科学基金资助项目（"电子废料协同熔炼关键技术基础"，项目号：20232BAB204036）的资助。

　　由于作者学识和经验所限，书中不足之处，敬请广大读者批评指正。

作　者

2023 年 10 月

目　　录

1　典型电子废弃物资源的属性及产生量

近年来，随着手机、电脑、家电等办公和通信设备的快速普及与消费，以及电子通信技术的快速发展，产品更新换代的速度不断加快，其使用寿命不断缩短，使得电子废弃物的产生量急剧增加。据中国家用电器协会统计[1]，电视机、冰箱、空调、洗衣机和电脑等 5 大类的年报废量已超过 1.5 亿台，且年增长速率为 3%~5%。电子废弃物产生量增长的速度已是全球固体废弃物中最快的一类。

电子废弃物的快速增长给生态环境带来的巨大的威胁，因此电子废弃物的减量化、无害化、资源化处理，对保护人类赖以生存的环境及资源循环利用有极大的促进作用，同时，对发展循环经济和建设可持续发展的生态文明社会具有重要意义[2]。如何构建高效的管理体系，实现电子废弃物的资源化利用可持续发展，已成为全球各界面临的共同课题[3-4]。

1.1　电子废弃物概况

电子废弃物又称为废弃电器电子产品（Waste Electrical and Electronic Equipment，WEEE），主要包括：废旧家电（如电视机、冰箱、空调、洗衣机、油烟机和热水器等），废旧电子通信设备（如手机、电话和传真机等），废旧办公设备（如打印机、电脑和复印机等），以及被淘汰的精密电子仪器仪表等[5-8]。

1.2　电子废弃物的组成及性质

电子废弃物不仅数量庞大，而且种类繁多、成分复杂，具有环境污染性和资源性的双重特征[9]。电子废弃物的主要组成材料为金属材料和高分子材料[10]。其中金属包括铅、铬、汞和镉等有毒有害金属，还包括金、银、铂、铜、锡、铝和铁等可回收利用的有价金属；有机高分子材料包括多溴二苯醚 PBDE 和多氯联苯 PCB 等。尽管各种材料在电子产品中的使用比例不同而存在差异，但金属和高分子材料所占比例最高。电子废弃物的材料组成如图 1-1 所示[11]。电子废弃物中部分有毒有害物质及其危害见表 1-1[12-13]。若这些有毒有害物质处理处置不当，将对自然环境和人体造成严重危害[14]。

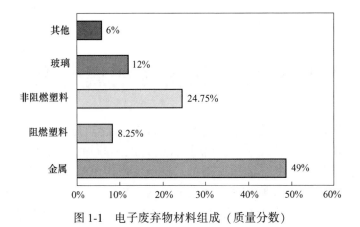

图1-1 电子废弃物材料组成（质量分数）

表1-1 电子废弃物中部分有毒有害物质及其危害

名称	存在位置	主要危害
铅	阴极射线管、白炽灯管及印刷电路板的焊锡	损伤中枢神经系统、循环系统及肾脏；对内分泌系统有影响；严重影响大脑发育
砷	液晶显示器中的砷化镓	导致皮肤疾病，降低神经传输速度，易造成肺癌
镉	继电器、传感器、表面贴片电阻器及半导体	镉在人体中具有累积效应，会导致动脉硬化；肺部损伤；肾脏疾病；骨骼易破碎
汞	电接触器、温度计、开关/罩盒及液晶显示器背投光源的高压汞灯	汞属于吸入性毒物具有生物累积效应；会导致中枢神经及肾脏系统损伤，影响大脑功能和记忆力
铬（Ⅵ）	装饰部件、硬化剂/(钢铁)罩盒	一种已知的致癌物质，含六价铬的化合物可致癌并诱发基因突变
特殊碳粉	复印机、打印机、传真机中的墨盒	通过呼吸进入人体并造成肺部疾病
多溴二苯醚（PBDE）	机壳塑料、电线电缆外皮、电路板、线圈等	具有挥发性，容易散逸至空气中并随大气进行长距离迁移，属于致癌性及致畸胎性物质，在高温处理过程中若控制不当，极易产生二噁英、呋喃等剧毒致癌物
氟利昂	制冷剂	氟在平流层会分离与臭氧分子作用破坏臭氧层

相关数据显示，废旧电路板中含铜25%，远远高于原生铜矿0.5%~0.8%的品位；废旧电路板和手机中分别含金200g/t和300g/t，然而我国金矿品位一般为3~6g/t，经选矿得到的金精矿约70g/t，显然1t电子废弃物中的金含量是金矿石的40~60倍[15]。与原生矿产相比，电子废弃物是高品位的富矿，并随着电子产品生命周期的不断循环，是取之不尽、用之不竭的资源。

1.3 国内外电子废弃物回收体系及进展

电子废弃物产生量的逐年攀升，已引起世界各国政府、环保人士及科研人员、企业界的广泛关注[16]。电子废弃物的回收利用是一个复杂的过程，涉及废旧电器电子产品的回收体系建设、法律法规、经济、社会、资源化利用技术和二次污染防治等多方面内容。如何建立一套完善、科学的回收管理体系是电子废弃物回收利用行业是否可持续发展的关键。欧盟、美国和日本等经济较发达国家和地区通过建立相关的政策体系、法律法规来规范和推动电子废弃物的资源化回收处理。我国作为电子产品的生产及消费大国，近年来也加快了电子废弃物管理及处理处置的步伐，相继颁布了《废弃电器电子产品回收处理管理条例》及相关政策，积极探索电子废弃物回收管理及资源化利用途径，推动电子废弃物资源化利用产业化发展进程。

1.3.1 国内回收现状

我国已成为电器电子产品和电子电气设备的生产、消费、使用大国。10 多年来，电器电子产品社会保有量逐年增加且增长速度较快。根据 2022 年国家统计年鉴，近 10 年来，我国居民每百户部分电器电子产品的社会保有量，如图 1-2 所示。随着电器电子产品的不断使用，已进入一个报废高峰期，每年产生大量的电子废弃物。

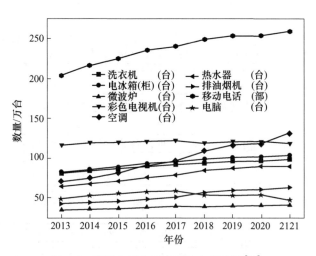

图 1-2 我国电器电子产品社会保有量[17]

国内电子废弃物主要来源：（1）电器电子产品在生产过程中产生的边角料

和不合格的电器电子产品，随着电子产品的加工基地向我国转移，导致该类的电子废弃物逐年增多；（2）电器电子产品经使用后报废形成的电子废弃物；（3）以废旧机电产品贸易为渠道，通过合法夹带与非法走私的方式从广东、浙江等地进入我国的电子废弃物[18]。2002 年 2 月，巴塞尔网络和硅谷毒物联盟联合发表了针对以美国为首的经济较发达国家向亚洲等发展中国家和地区出口电子垃圾的调查报告《出口危害，流向亚洲的高科技废物》，揭露了电子废弃物跨境转移的事实。我国已禁止进口电子废弃物，但由于电子废弃物的高价值和高污染的双重性，有些经济较发达国家为了降低电子废弃物的处理成本，非法跨境转移的现象仍然存在[19]。

我国已深刻认识到电子废弃物对环境的危害，已加快电子废弃物的减量化、无害化和资源化处理步伐。在政策方面，出台了一系列的法律法规。2003 年 6 月，国家发展和改革委员会借鉴欧盟的《废弃电子电气设备指令》（Directive on Waste Electronical and Electronic Equipment，WEEE 指令）、《关于在电子电气设备中限制使用某些有害物质的指令》（Restriction of Hazardous Substances，RoHS 指令）的两项指令，依据"生产者责任延伸制（extended producer responsibility，EPR）"核心理念，研究了我国废旧家电回收处理体系。2009 年 2 月国务院颁布《废弃电器电子产品回收处理管理条例》，改变了我国废旧家电"无家可归"的现状。2015 年 2 月国家发展和改革委员会的《废弃电器电子产品处理目录（2014 年版）》，电子废弃物的相关政策、法律和标准体系日臻完善。我国电子废弃物管理法律法规体系，如图 1-3 所示。

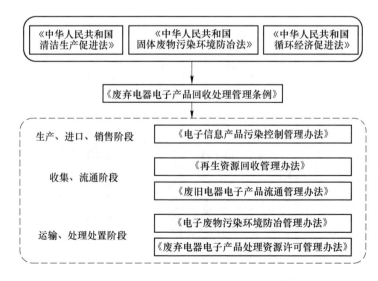

图 1-3 我国电子废弃物管理法律体系[20]

由于没有废弃电器电子产品必须强制回收的法律要求，我国的废旧电器电子产品是一个多渠道的回收体系。回收的主要方式有：小贩上门收购、"拾荒者"回收和企业回收。我国电子废弃物回收物质流向如图1-4所示。随着电子废弃物回收处理行业的发展，为了提高回收效率，越来越多的企业开启了基于"互联网+"的网络回收模式。

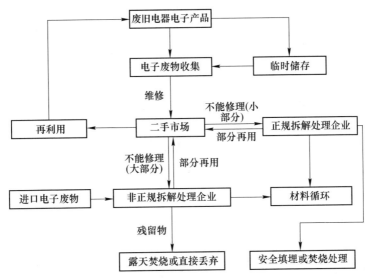

图1-4 我国电子废弃物物质流向

由于电子废弃物的回收管理制度仍处于不断完善时期，在电子废弃物的处理方面，一些地区采用原始落后的办法进行拆解和利用，造成了严重的环境污染。我国电子废弃物处理方式主要有：（1）废旧家电通过翻新改装进入二手市场，销往经济欠发达地区或农村；（2）家庭作坊式拆解，其中以广东贵屿地区、浙江台州温岭地区为代表，采用落后、环境污染严重的处理方式提取金属，随意排放废弃物，造成了严重的环境污染与破坏[21]；（3）正规的废旧家电拆解企业，包括两类：一类是国家在每个省都建立了正规的废旧电器电子产品拆解企业，作为家电以旧换新政策的配套实施方案；另一类是家电生产企业建立相应的废旧电器电子产品绿色回收，以国内长虹、TCL等家电生产企业为例，长虹2006年启动了废旧家电绿色回收项目，TCL 2008年成立了废旧电器电子产品回收利用的合资公司。

借鉴经济较发达国家的电子废弃物回收利用的成功经验，我国自"十一五"以来已加快推进城市矿产资源发展策略[22]。工业和信息化部已累计批复六批49个"城市矿产"示范基地，废弃电器电子产品处理基金补贴名单的处理企业达到109家，年处理能力已超过1.5亿台。

1.3.2 国外回收现状

1.3.2.1 欧洲国家

电子废弃物的回收在发达国家的发展已持续了较长一段时间，回收体系较为完善。欧洲国家电子废弃物的处理水平领先全球。欧洲国家的电了废弃物回收体系可分为两类：一类是通过国家立法层面制定专门的法律法规，建立电子废弃物回收体系，如丹麦、荷兰等北欧国家；另一类是通过废弃物管理条例，建立完善的回收系统，如英国、德国和法国[23]。2003 年欧盟颁布 WEEE 指令和 RoHS 指令[24]。

以荷兰、德国为代表的欧洲国家采用 EPR 回收电子废弃物。根据 EPR 原则，生产者应对本企业生产的电器电子设备废弃后的管理负责，其中包括电子废弃物的转运、处理处置。德国是电子废弃物回收及管理的先行国，相继出台了一系列法律法规，并取得了较好的效果[25]。德国的电子废弃物回收体系如图 1-5 所示。

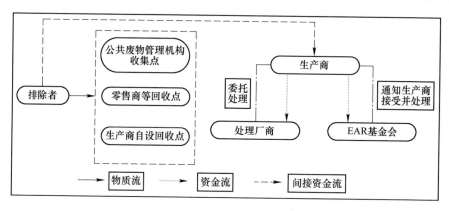

图 1-5　德国电子废弃物回收体系

在欧盟国家，电子废弃物的回收处理技术专业化水平较高，主要依靠自动化的机械设备和系统，整个处理过程产生少量的废气经处理后达标排放，不产生废水，以确保电子废弃物在处理过程不产生二次污染[26]。

1.3.2.2 美国

美国拥有世界上最发达的电子信息市场，也是电子废弃物的产生量大国。美国电子废弃物的平均增长速度为 16%~28%，是固体废弃物总量的 2%~3%。美国在电器电子产品废弃后的回收处理立法隶属于各州，即在许可范围内，根据立法传统和电子废弃物状况，制定相应的法律法规[27]。1996 年 8 月，美国有 18 个州立法严禁填埋电子废弃物，规定废弃后的电器电子产品必须经拆解后才能进行填埋处理。2007 年 5 月，电子行业联盟发布了针对家用电视机和信息技术产品的国家回收再利用计划[28]。

由于美国只是一些州政府成立了电子废弃物回收系统,其大部分地区还有没有能力来处理增长速度较快的电子废弃物。随着美国电子废弃物处理产业的发展,同时为了应对美国的环保要求,一些美国回收企业为了降低处理成本,将电子废弃物出口到亚洲发展中国家及非洲地区。

1.3.2.3 日本

日本的电子技术是世界上最为先进的国家之一,生产电子产品的速度也位于世界前列,每年产生数量庞大的电子废弃物。以废旧家电(电视机、冰箱、空调和洗衣机)为例,每年产生量约有 1800 万台。日本作为一个人口密度大、资源紧张的国家,部分金属资源长期依赖进口,因此非常注重资源和能源的节约和再利用。电子废弃物回收体系在日本的建设起步较早,通过制定相关的法律法规,明确了电子废弃物回收处理过程中生产商和消费者的责任,并建立了相应的电子废弃物回收网络[29]。

1996 年,日本制定了《家电回收利用法》,规定了电子产品使用者应承担电子产品经使用后的废弃的回收处理处置的费用,并于 2001 年实施。同时《资源有效利用促进法》也开始实施,规定了生产厂家在废旧家电处理过程中的义务。2008 年 10 月,日本经济产业省和环境省联合出台相关政策,共同推动小型电子废弃物中金属资源化项目,加速了资源节约型和环境友好型社会可持续发展体系的进程[30-31]。日本电子废弃物回收体系如图 1-6 所示。

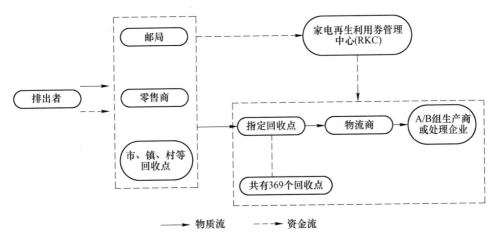

图 1-6 日本电子废弃物回收体系

自从《家用电器回收法》颁布实施以来,日本建成了以销售渠道为主的回收体系。家电生产厂家已建立 30 多家电子废弃物回收利用工厂,由消费者承担相关费用,制造商负责废旧家电的再生利用,经销商回收废旧家电并送至处理中心，消费者同时承担收集搬运和再生利用费用。实施效果明显，电子废弃物的回收处理量和处理率不断提高。尽管日本加大了电子废弃物的回收管理力度，但仍存在为了节约生产成本，避免环境污染等问题，将电子废弃物流向发展中国家的现象。

1.4 电子废弃物物质流分析及产生量估算

电子废弃物是由电器电子产品经使用后成为具有资源特征的一类固体废弃物。电子废弃物物质流分析模型的构建是进行电子废弃物资源化代谢研究的基础。本章将基于物质流分析方法建立国家层面电子废弃物物质流分析模型，明晰电子废弃物的物质流向及产生量。采用电子废弃物产生量估算方法对典型电子废弃物（如废旧手机、电视机、电脑和电路板）的产生量进行计算。

1.4.1 电子废弃物物质流分析模型构建

电子废弃物物质流分析模型的原理是将电子废弃物从电子产品的生产到废弃物资源化处置全生命周期各阶段进行划分，构建从电子产品的源头开始，即对"生产-销售-使用-报废-资源化利用"整个过程进行资源的物质流跟踪。电子废弃物资源化代谢分析模型如图1-7所示。

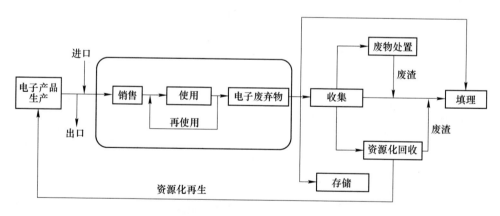

图1-7 电子废弃物资源化代谢分析模型

电子废弃物物质流分析模型主体由三部分构成：国内电子产品的生产、电子产品的使用及电子废弃物的回收处理处置。国内电子产品的生产主要是指电子产品的生产及加工制造，国内电子产品的生产量的流向可以分为出口及国内市场的使用，国内使用的电子产品还包括从国外进口部分；电子产品经国内销售进入使用阶段；电子产品经使用后成废旧电子产品可经再使用过程重新进入使用阶段，最后报废形成电子废弃物；电子废弃物的回收处理处置方式主要包括电子废弃物的回收、存储、填埋和资源化利用等。电子废弃物物质流分析模型中涉及电子产品的生产量、销售量、使用量、使用寿命和在用存量，电子废弃物产生量、回收量、填埋量和存储量等参数；包含的子模型有产生量估算模型、社会存量分析模型、使用寿命分布模型和资源开采潜力预测分析模型。为了对电子废弃物进行物质流分析，首先需识别电子废弃物的产生量，量化分析电子废弃物流向及流量。

电子废弃物的产生量是电子废弃物物质流分析的基础信息，现阶段由于国内外对电子废弃物的资源化管理都缺乏官方的统计数据，未建立电器电子产品基础信息数据库，电子废弃物产生量主要采用数学模型进行估算[32]。

1.4.2 电子废弃物产生量估算方法

常用的数学模型包括：市场供给模型（market supply model）、斯坦福模型（Stanford model）、卡内基梅隆模型（Carnegie Mellon model）、时间梯度模型（time-step model）、时间序列模型（time-series model）和物质流分析模型（substance flow analysis model）等[33]。数学模型估算分析主要基于电子产品的生产量、销售量和社会保有量等基础数据结合产品的寿命进行计算。

1.4.2.1 市场供给模型

市场供给模型主要是根据电子产品的销售数据和平均使用寿命来计算某一种类电子废弃物的产生量；假设某一电子产品在计算期内的平均使用寿命为固定值，即产品的使用寿命既不受消费者使用行为因素影响也不受技术发展进步影响；当产品到达平均使用寿命期时，全部进入报废阶段形成电子废弃物，并且电子产品在报废前一直处于使用状态。市场供给模型估算公式：

$$G_t = S_{t-n} \tag{1-1}$$

式中，G_t 为第 t 年某一种电子废弃物的产生量；S_{t-n} 为第 $t-n$ 年某一电子产品的销售量；n 为该电子产品的平均使用寿命。

实际上，电子产品的寿命随着使用行为及电子技术的发展是变化值，平均使用寿命在统计期内也是变值，该方法主要用于早期的电子废弃物产生量估算；现阶段对于更新速度快的电子产品的废弃物产生量的估算已不适用。

1.4.2.2 市场供给 A 模型

市场供给 A 模型将电子产品的寿命设定为变化的离散值，并赋予一定的电子产品的报废比例，市场供给 A 模型估算公式：

$$G_t = \sum_i S_i P_i \tag{1-2}$$

式中，G_t 为第 t 年某一种电子废弃物的产生量；S_i 为第 $t-i$ 年电子产品的销售量；P_i 为电子产品的寿命为 i 年所占的比例；i 为某电子产品使用寿命。

该方法在市场供给模型的基础上，产品报废比例根据电子产品的不同寿命进行调整，提高了电子废弃物产生量估算结果的精确，因此得到了一定的应用。高颖楠等人[34]采用市场供给 A 模型对我国 2010—2020 年废弃手机的产生量进行估算。李博等人[35]采用市场供给 A 模型对 2001—2013 年我国废旧手机的产生量进行了估算，研究结果表明，2001 年和 2013 年我国废旧手机的产生量分别为 0.135 亿台和 8.17 亿台。

1.4.2.3 卡内基梅隆模型

卡内基梅隆模型结合市场供给模型并进行修正，将消费者对电子废弃物的处理方式考虑至电子废弃物产生量的估算中，电子废弃物处理处置方式分为再使用、存储、资源化回收和填埋等 4 种方式，并对不同的处理处置方式赋予一定的比例。

1.4.2.4 斯坦福模型

斯坦福模型基于计算期内进入社会经济系统的电子产品的销售量和社会保有量来估算某一种电子废弃物的产生量，与市场供给 A 模型类似，根据电子产品的寿命分布进行报废比例的分配，不同之处在于市场供给 A 模型中的报废比例是定值，而该模型中的报废比例根据研究年份的变化而变化，斯坦福模型估算公式：

$$G_t = \sum_k^m S_{j-k} \cdot p_k \tag{1-3}$$

式中，G_t 为第 t 年某一类电子废弃物的产生量；p_k 为该电子产品在使用 k 年后的报废比例；S_{j-k} 为该电子产品在第 $t-j-k$ 年的销售量；m 和 k 分别为该电子产品的最长和最短寿命。

斯坦福模型将电子产品的使用寿命分布的不同考虑至电子废弃物的产生量的估算中，适合用于更新速度快的电子产品（如手机、笔记本电脑等）的废弃量估算。Wilkinson 等人[36]采用斯坦福模型对 1991—2000 年爱尔兰国家层面的 4 种电子废弃物的产生量进行估算研究。刘枚莲等人[37]采用该模型估算了 2000—2012 年广西 6 类电子废弃物的产生量。何捷娴等人[38]采用该模型计算了 2012—2022 年广东省废旧电脑的废弃量。张伟等人[39]采用斯坦福模型对我国主要电子废弃物产生量进行了预测及特征分析。

1.4.2.5 时间梯度模型

根据电器电子产品的销售量、社会保有量数据，将进入和退出社会保有量的电子产品的数量考虑其中，来估算电子废弃物的产生量，时间梯度模型估算公式：

$$G_t = \sum_{n=t_1}^{t} S_n - \sum_{n=t_1}^{t-1} G_n - (P_t - P_{t_1}), \ t_1 < t \tag{1-4}$$

式中，G_t 为某一类电子废弃物在第 t 年的产生量；G_n 为某一类电子废弃物在第 n 年的产生量；S_n 为某一类电子产品在第 n 年的销售量；P_t 为某一类电子产品在第 t 年的社会保有量；P_{t_1} 为某一类电子产品在第 t_1 年的社会保有量。

时间梯度模型对电子产品的应用场所进行分类，分为家庭和企业单位，以不同场所的社会保有量为基础数据，在计算过程中由于数据质量易导致预测结果产生偏差。廖程浩等人[40]采用时间梯度模型对我国 2005—2010 年废旧手机的产生量进行估算，结果显示，2010 年我国废旧手机的产生量达到 1.34 亿台。

1.4.2.6 物质流分析模型

物质流分析模型以物质质量守恒为基本原理，通过对计算期内某一类产品的销售量和社会保有量的变化对电子废弃物的产生量进行估算，物质流分析估算公式：

$$G_t = S_t - \Delta H \tag{1-5}$$

式中，G_t 为统计期内某一类电子废弃物在第 t 年的产生量；S_t 为统计期内某一类电子产品在第 t 年的销售量；ΔH 为统计期内某一类电子产品的社会保有量的变化量。

物质流分析模型涉及参数较少，估算步骤相对简单，近年来得到广泛的应用。Steubing 等人[41]采用物质流分析模型预测分析了智利废旧电脑的产生量，研究结果表明，2010 年和 2020 年智利的废旧电脑产生量将分别达到 10000t 和 20000t，废旧电脑的产生量在 2010—2019 年期间将会是 2000—2009 年期间的四至五倍。Zhang 等人[42-43]采用物质流分析模型对 2010—2030 年中国国家层面及 2009—2050 年南京市的废旧"四机一脑"产生量进行了估算研究。Liu 等人[44]采用物质流分析方法对北京市"四机一脑"产生量进行了预测，到 2020 年，废旧"四机一脑"产生量将达到 282 万台。Andarani 和 Goto[45]采用物质流分析模型估算了 2005—2025 年印度尼西亚的家庭电子废弃物的产生量，2015 年和 2025 年印度尼西亚来自家庭的电子废弃物产生量将分别达到 28.5 万吨和 62.2 万吨。

1.4.2.7 时间序列模型

将统计期内的所观察的时间为变量，根据时间序列建立数学预测模型，采用趋势外推法对电子废弃物的产生量进行预测。常用的时间序列模型[46]有直线趋势预测模型、二次曲线趋势预测模型、指数曲线趋势预测模型和修正指数曲线趋势预测模型，此外，常用于电子废弃物产生量预测模型有龚泊兹（Compertz）和罗吉斯（Logistic）曲线模型。该方法通过对统计期内前期的电子废弃物的产生量外推统计期后期的预测的电子废弃物产生量。

Habuer 等人[47]采用时间序列模型对 1995—2030 年中国城市和农村每百户家用电器（电视机、冰箱、空调、洗衣机和电脑）的拥有量进行预测，并采用物质流分析对废旧"四机一脑"的产生量进行估算。Yang 等人[48]采用 Logistic 模型对美国电脑的平均拥有量进行预测，并在此基础上采用物质流分析模型对废旧电脑的产生量进行了估算，研究结果表明，2020 年美国电脑的平均电脑拥有量最高和最低水平分别为 1.3 台/人和 1.0 台/人，废旧电脑的产生量最低和最高水平分别为 9200 万台和 1.07 亿台。Rahmani 等人[49]采用 Logistic 模型对伊朗的电脑及手机的平均拥有量进行预测，并采用时间序列模型对废旧电脑及手机的产生量进行估算，结果表明，到 2040 年，伊朗的废旧电脑的产生量将达到 5000 万台；到 2035 年，废旧手机的产生量将达到 9000 万台。

从目前国内外的研究来看，电子废弃物的研究主要集中在国家层面或区域层面，对某一种或几种电子废弃物的产生量进行估算，主要侧重于电子废弃物的管理，并未关注其中的资源存量及未来发展趋势，相关研究报道甚少。

不同的估算模型对数据要求不同，适用范围也有所区分，由于数据质量的不同，对产生量预测结果的准确性也会存在一定的差异。电子废弃物产生量估算模型数据要求、适用范围及估算结果精确性，见表 1-2。

表 1-2　电子废弃物产生量估算模型[50]

模型	数据要求			适用范围		精确性
	销售量	社会保有量	寿命	饱和市场	动态市场	
市场供给模型	√			√		低
时间梯度模型	√	√		√	√	高
卡内基梅隆模型	√		√	√		高
消费使用模型		√	√	√		低
MFA 模型	√	√	√	√		高
时间序列模型	√	√	√	√	√	高

注：√为使用本模型计算时，需要提供的数据要求或适用范围。

研究选取时间序列模型与物质流分析模型联用方法，对电子废弃物的产生量进行估算预测分析。采用威布尔分布对产品进行寿命分析，采用 Logistic 模型对电子产品的平均拥有量进行预测，采用群体平衡模型对废旧电器电子产品、废旧电路板的产生量进行估算分析，将物质流分析方法用于电子废弃物中金属资源的存量分析研究。

1.4.3　典型电子废弃物产生量计算

由于电子废弃物种类多，基于消费使用情况，电子产品的报废高峰期存在差异。根据《废弃电器电子产品处理目录（2014 年版）》[51]，本研究选取已进入报废高峰期的典型的电器电子产品包括：电视机（TV）、台式电脑（Desktop PC）、笔记本电脑（Notebook PC）和手机。将电子废弃物中的废旧电路板作为金属资源开采潜力分析对象。金属开采潜力是指废旧电路板中可供回收利用的金属量。研究范围基于国家层面，估算废旧电路板的产生量，并测算其中金属资源的存量和开采潜力。电子废弃物产生量及其金属资源存量物质流分析框架，如图1-8所示。电子废弃物产生量及其金属资源存量物质流分析主要从物质角度出发，以电子废弃物的形成过程为物质流动的主线，将电子产品的生产、销售、进出口、使用、电子废弃物的形成及各阶段相关环节构建物质流分析框架。

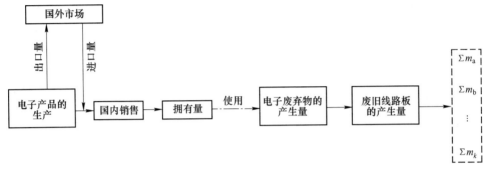

图1-8 电子废弃物产生量及其金属资源存量物质流分析框架

1.4.3.1 产品拥有量估算

根据"生长理论"，电子产品的社会拥有量遵循"S"形增长曲线规律，产品的平均拥有量变化将经历四个不同阶段：投入期、生长期、成熟期和衰退期[52]。本研究采用 Logistic 模型对平均拥有量进行预测，通过式（1-6）计算；产品总拥有量可通过式（1-8）计算：

$$\bar{P}_t = \frac{\bar{P}_{\max}}{1 - a \cdot \exp[-b(t - t_0)]} \tag{1-6}$$

$$a = -\exp[b(t_{1/2} - t_0)] \tag{1-7}$$

$$P_t = \bar{P}_t \times N_t \tag{1-8}$$

式中，$\bar{P}_t$ 为第 t 年每百户某产品拥有量；$\bar{P}_{\max}$ 为每百户某产品拥有量最大极限值；t_0 为 Logistic 曲线回归计算初始年；$t_{1/2}$ 为每百户某产品均拥有量达到最大极限值中间值时的年份；b 为每百户某产品拥有量的增长率，通过对 2000—2015 年的数据拟合得到；a 可以由式（1-7）计算；N_t 为第 t 年我国居民户数；P_t 为第 t 年某产品的社会总拥有量，其中手机的总拥有量以每百人拥有量计算。

1.4.3.2 产品寿命分布

产品寿命分布是研究电子废弃物产生量必不可少的参数之一[53]。产品的寿命根据不同时期有不同的时间跨度，与产品的流向密切相关，可以分为销售时间、使用时间、再使用时间、存储时间等，产品的全生命周期寿命的分布，如

图 1-9 所示。因为电子产品更新速度较快，为了简化产品的寿命，本书中的产品寿命指产品的使用寿命，不考虑产品的销售时间。产品寿命分析通常有两种处理方法[54]：一种是将产品的寿命设定为常数并假设平均寿命等于产品的使用寿命；另一种是将产品的寿命采用统计学方法进行寿命分布计算。常用的产品寿命概率统计分布包括：（1）威布尔分布；（2）对数分布；（3）正态分布；（4）δ 分布[55]。其中威布尔分布是最广泛应用于电器电子产品的寿命分布分析[56]。本书中的电器电子产品寿命分布采用威布尔分布进行分析，累积威布尔分布函数见式（1-9）：

$$F_t(y) = 1 - \exp\left\{ -\left(\frac{y}{y_{av}}\right)^\beta \cdot \left[\Gamma\left(1 + \frac{1}{\beta}\right) \right]^\beta \right\} \tag{1-9}$$

$$y_{av} = \alpha \cdot \Gamma(1 + 1/\beta) \tag{1-10}$$

式中，y 为某产品的寿命；$F_t(y)$ 为产品使用 y 年后在第 t 年累积废弃率，由式（1-9）计算而得；y_{av} 为产品的平均使用寿命，由式（1-10）计算而得；β 为威布尔分布的形状参数，可由产品的历年累积废弃率曲线拟合而得；Γ 为伽马函数。

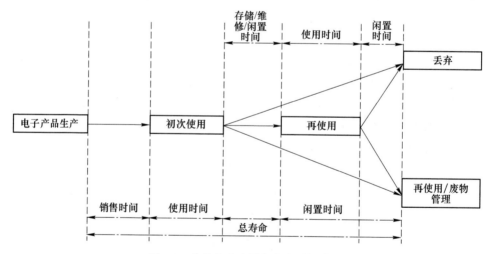

图 1-9　产品全生命周期寿命时间分布

1.4.3.3　电子废弃物产生量计算

本书采用群体平衡模型（population balance model，PBM）对电子废弃物的产生量进行估算。该模型广泛应用于电子废弃物产生量的估算与预测。根据质量守恒定律，物质输入量等于输出量。电子废弃物产生量可由以下公式计算得到：

$$\hat{P}_t = S_t + \sum_i \left\{ S_{(t-i)} \cdot [1 - F_t(i)] \right\} \tag{1-11}$$

$$f_t(i) = F_t(i) - F_t(i - 1) \tag{1-12}$$

$$S_t = p_t - E_t + I_t \tag{1-13}$$

$$\hat{S}_t = P_t - P_{t-1} + G_t \tag{1-14}$$

$$G_t = \sum_{i=1} \left[S_{(t-i)} \cdot f_t(i) \right] \tag{1-15}$$

式中，$\hat{P}_t$ 为 t 年预测某产品的社会拥有总量；$f_t(i)$ 为在 t 年产品寿命为 i 年的废弃率；S_t 为某产品在 t 年的国内销售量；p_t 为 t 年的国内某产品的销售量；E_t 和 I_t 分别为 t 年某产品的进口量和出口量；$\hat{S}_t$ 为预测的销售量；G_t 为 t 年的某废旧产品的产生量，根据销售量和废弃率，预测的销售量可以通过产生量和拥有量进行循环代入计算得到。

电子废弃物产生量具体估算流程，如图 1-10 所示。估算步骤：（1）电子产品国内销售量及社会拥有量的计算；（2）通过问卷调查基础数据，确定威布尔分布函数中的形状参数；（3）确定电子产品的平均使用寿命；（4）采用群体平衡模型预测电子产品的社会拥有量；（5）对比采用两种方法计算的社会拥有量是否相等，相等则进入下一估算步骤，若不相等，则调整平均使用寿命再进入步骤（3）；（6）预测电子产品的国内销售量；（7）预测电子废弃物的产生量。

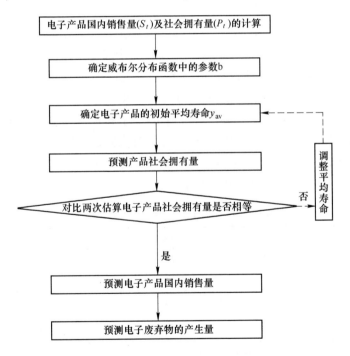

图 1-10　电子废弃物产生量估算流程

1.4.3.4　数据来源

为了对典型电子废弃物（包括电视机、电脑、手机）、废旧电路板进行产生量及金属存量分析，采用数学模型进行估算，其中数学模型中各参数的求解需要大量的基础数据作为支撑，各个计算环节不同数据类型的来源见表1-3。数据来源主要是来自年鉴文献、企业现场调研，电子产品的使用寿命计算基础数据主要来自调查问卷。

表 1-3　数据来源

数据类型	数据来源
生产量、销售量、进口量、出口量	中国电子信息产业统计年鉴[57]，中国海关统计年鉴[58]
电子产品的寿命、平均使用寿命	问卷调查
人口数据及预测	中国统计年鉴[59]，文献 [60]
电子产品中电路板质量分数、电路板中金属含量	电子废弃物资源化回收企业调研文献 [61]

三类电子产品的生产量、销售量数据来源于中国电子信息产业统计年鉴，进口量和出口量来源于中国海关统计年鉴。电视机、台式电脑和笔记本电脑的生产、销售和进出口情况，见表1-4~表1-6。实际上，山寨手机占据手机销售量的一定的份额[62]，这部分手机并未列入官方的统计范畴，在对手机使用情况的调查问卷中也证实了这一点。因此，本书将山寨手机的销售量考虑其中，山寨手机占手机销售量的10%，但由于2006—2011年为山寨手机的快速发展时期，根据曹希敬等人[63]的研究，对2006—2011年山寨手机销售量占比调整为10.4%、19.6%、24.2%、24.8%、23.7%和15%，手机的总销售量为官方统计手机销售量与山寨手机销售量之和。2000—2021年我国手机的生产、销售、进出口量、山寨手机所占比例及实际销售量，见表1-7。

表 1-4　电视机生产、销售、进出口情况　　　　　　（万台）

年份	生产	出口量	进口量	销售量
2000 年	0.22	0.08	3.56	3.70
2001 年	0.95	0.24	10.25	10.96
2002 年	1.85	0.58	22.34	23.61
2003 年	31.40	7.82	58.40	81.98
2004 年	112.69	12.66	26.61	126.64
2005 年	529.71	251.64	7.07	285.14
2006 年	1062.54	540.69	7.70	529.55
2007 年	1866.85	810.52	11.17	1067.50
2008 年	3293.36	1863.30	22.10	1452.16

年份	生产	出口量	进口量	销售量
2009 年	6956.36	4027.28	7.41	2936.49
2010 年	9151.64	5195.30	2.30	3958.64
2011 年	10713.08	5442.40	2.10	5272.78
2012 年	11632.24	5522.50	3.40	6113.14
2013 年	12488.48	5469.90	4.50	7023.08
2014 年	14023.67	6895.40	6.10	7134.37
2015 年	14475.73	7234.20	4.20	7245.73
2016 年	15769.64	7825.13	3.72	7948.23
2017 年	15932.62	8164.20	3.51	7771.93
2018 年	19695.03	10084.31	4.01	9614.73
2019 年	18999.06	11420.65	3.85	7582.26
2020 年	19626.24	12568.42	3.06	7060.88
2021 年	18496.53	11956.71	3.40	6543.22

表 1-5 台式电脑生产、销售、进出口情况　　　（万台）

年份	生产	出口量	进口量	销售量
2000 年	672	107.06	2.69	567.63
2001 年	877.65	256.63	2.98	624
2002 年	1463.27	222.91	3.35	1243.71
2003 年	3126.7	1621.55	1.9	1507.05
2004 年	5974.9	4704.86	2.07	1272.11
2005 年	8084.89	5189.3	2.39	2897.98
2006 年	9336.44	6727.17	2.3	2611.57
2007 年	12073.38	9546.11	2.64	2529.91
2008 年	15853.65	13813.95	5.2	2044.9
2009 年	18215.07	15720.64	9.79	2504.22
2010 年	24584.46	20622.74	27.6	3989.32
2011 年	32036.93	25036.41	39.5	7040.02
2012 年	31806.71	22484.3	31.6	9354.01
2013 年	35348.41	26751.91	36.8	8633.3
2014 年	35079.63	27050.32	22.9	8052.21
2015 年	31418.7	22946.95	28.65	8500.4
2016 年	29008.51	21875.43	30.12	7163.2

年份	生产	出口量	进口量	销售量
2017 年	30678. 37	21740. 37	25. 41	8963. 41
2018 年	31580. 23	22548. 14	20. 71	9052. 8
2019 年	34163. 22	24134. 82	19. 2	10047. 6
2020 年	37800. 41	27544. 34	18. 53	10274. 6
2021 年	46691. 98	34144. 66	16. 9	12564. 22

表 1-6 笔记本电脑生产、销售、进出口情况 （万台）

年份	生产	出口量	进口量	销售量
2000 年	7. 90	0. 29	48. 37	55. 98
2001 年	28. 25	5. 0881	52. 57	75. 73
2002 年	117. 00	32. 96	60. 11	144. 15
2003 年	1387. 42	1329. 57	66	123. 85
2004 年	2750. 00	2532. 24	85. 71	303. 47
2005 年	4564. 99	3374. 42	72. 99	1263. 56
2006 年	5911. 87	4818. 11	72. 2	1165. 96
2007 年	8671. 43	7302. 63	56. 7	1425. 50
2008 年	10858. 70	9882. 72	63. 2	1039. 18
2009 年	15009. 47	12492. 17	59. 9	2577. 20
2010 年	18584. 12	13808. 45	122. 6	4898. 27
2011 年	23897. 38	16970. 86	148. 9	7075. 42
2012 年	25289. 36	20951. 79	234. 2	4571. 77
2013 年	17444. 31	14712. 33	367. 7	3099. 68
2014 年	22728. 81	16921. 30	100. 6	5908. 11
2015 年	17436. 03	13791. 56	152. 2	3796. 67
2016 年	16498. 14	13327. 63	223. 2	3393. 71
2017 年	17243. 52	14159. 65	146. 7	3230. 57
2018 年	17761. 32	14100. 56	162. 6	3823. 36
2019 年	18533. 22	14426. 49	132. 5	4239. 23
2020 年	23524. 63	18134. 10	120. 4	5510. 93
2021 年	29501. 36	22212. 23	116. 4	7405. 53

表1-7 手机生产、销售、进出口情况 （百万台）

年份	生产量	出口量	进口量	销售量	山寨手机占比	山寨手机销售量	实际销售量
2000 年	38.52	9.51	6	35.01	10%	3.50	38.51
2001 年	83.97	39.68	7.5	51.79	10%	5.18	56.97
2002 年	120	41.09	17.2	96.11	10%	9.61	105.72
2003 年	186.44	89.38	22.07	119.13	10%	11.91	131.04
2004 年	233.45	146.05	12.72	100.12	10%	10.01	110.13
2005 年	303.54	162.76	12.75	153.53	10%	15.35	168.88
2006 年	480.14	385.72	28.92	123.34	10.40%	12.83	136.17
2007 年	548.59	361.28	16.83	204.14	19.60%	40.01	244.15
2008 年	559.64	314.29	17.72	263.07	24.20%	63.66	326.73
2009 年	619.24	378.26	24.47	265.45	24.80%	65.83	331.28
2010 年	998.27	497.93	18.65	518.99	23.70%	123.00	641.99
2011 年	1132.58	507.81	9.25	634.02	15%	95.10	729.12
2012 年	1181.54	496.23	9.59	694.9	10%	69.49	764.39
2013 年	1455.61	729.12	8	734.49	10%	73.45	807.94
2014 年	1627.2	880.12	10.12	757.2	10%	75.72	832.92
2015 年	1812.61	889.51	9.58	932.68	8%	74.61	1007.29
2016 年	1848.46	931.63	10.15	926.98	5%	46.35	973.33
2017 年	1889.82	925.12	8.62	973.32	5%	48.67	1021.99
2018 年	1800.51	936.71	8.01	871.81	3%	26.15	897.96
2019 年	1696.03	940.35	8.36	764.04	2%	15.28	779.32
2020 年	1469.62	750.02	6.81	726.41	2%	14.53	740.94
2021 年	1661.52	950.22	7.96	810.10	2%	16.20	826.3

各电器电子产品的平均质量和电路板质量分数数据来源于国内某电子废弃物拆解企业现场调研。典型电子废弃物的平均质量及电路板质量分数见表1-8。由于废旧手机经历了从功能机向智能机的发展，质量在计算内发生较大的变化，同时，手机在报废前后期间质量基本保持不变，计算期间内废旧手机质量的变化采用对入市年间的手机质量进行市场调查，手机质量变化见表1-9。2021—2030年，手机质量设定为150g进行估算。中国人口发展趋势见表1-10。

表1-8 典型电子废弃物的平均质量及电路板所占质量分数

产品类型	样品数量	平均质量/kg	电路板所占质量分数/%
电视机	300	16.80	9.80
台式电脑	300	12.60	9.00

续表 1-8

产品类型	样品数量	平均质量/kg	电路板所占质量分数/%
笔记本电脑	300	2.46	13.00
手机	—	—	30.3

表 1-9　2000—2021 年废旧手机平均质量

年份	样本量	平均质量/g	年份	样本量	平均质量/g
2000 年	30	111.7	2011 年	30	150.8
2001 年	30	98.8	2012 年	32	135.7
2002 年	30	93.3	2013 年	36	138.3
2003 年	30	92.2	2014 年	40	156.1
2004 年	30	92.4	2015 年	58	155.6
2005 年	30	94.5	2016 年	40	148.3
2006 年	30	96.9	2017 年	42	151.2
2007 年	30	108.6	2018 年	54	153.1
2008 年	30	110.1	2019 年	52	148.5
2009 年	30	108.2	2020 年	50	150.8
2010 年	30	137.6	2021 年	30	151.5

表 1-10　2000—2030 年中国人口发展趋势　　　　　（人）

年份	总人口	年份	总人口
2000 年	1267430000	2016 年	1377500000
2001 年	1276270000	2017 年	1384900000
2002 年	1284530000	2018 年	1391300000
2003 年	1292270000	2019 年	1396700000
2004 年	1299680000	2020 年	1401200000
2005 年	1307560000	2021 年	1405800000
2006 年	1314480000	2022 年	1409700000
2007 年	1321290000	2023 年	1413000000
2008 年	1326020000	2024 年	1415600000
2009 年	1334500000	2025 年	1417600000
2010 年	1340910000	2026 年	1419600000
2011 年	1347350000	2027 年	1420900000
2012 年	1354040000	2028 年	1421600000
2013 年	1360720000	2029 年	1421600000
2014 年	1367620000	2030 年	1421000000
2015 年	1369300000		

1.4.3.5 调查问卷

调查问卷是了解消费者使用及报废行为、产品的使用寿命的一种有效方式[64-65]。为了解消费者对电视机、电脑和手机的消费行为，获取电器电子产品的寿命研究的基础数据，本书展开了对电器电子产品使用行为调查的问卷。由于手机是更新速度较快的一类电子产品，在使用行为上与家用电器有着明显的区别，报废行为受消费者特征影响较大，因此手机与家用电器（电视机和电脑）的调查问卷采用分开调查方式。调查问卷采用线上线下两种方式同时进行。线上方式主要是采用专业问卷调查网站-问卷星（http：//www.sojump.com/jq/4542290.aspx），进行面向全国范围的消费使用行为调查，线下方式主要是通过面对面调查问卷方式，即问卷发放、填写并收集。线下调查问卷主要是在广州、长沙和赣州进行了一定范围的发放与收集。

手机的调查问卷主要涉及消费者的基本信息（包括性别、年龄、区域、教育程度、职业和月收入），使用行为及报废后的处置行为等方面。手机使用寿命时间跨度为1~8年，即使用后1年、2年、3年、4年、5年、6年、7年和8年后报废比例。电视机与电脑的调查问卷主要从消费者的家庭规模、所在区域（城市、农村）、使用寿命、更换家电原因、报废后的处置行为等方面展开。手机和家用电器线上线下调查问卷分别获得6658份和5291份，有效问卷分别为6490份和5080份。

消费者对电视机使用后的报废比例，如图1-11所示；台式电脑使用后的报废比例，如图1-12所示；笔记本电脑使用后的报废比例，如图1-13所示；手机使用后的报废比例，如图1-14所示。

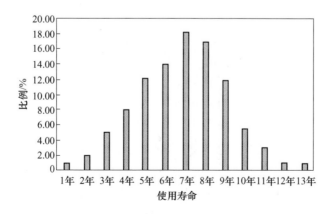

图 1-11 电视机使用报废比例

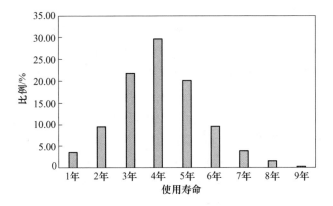

图 1-12　台式电脑使用报废比例

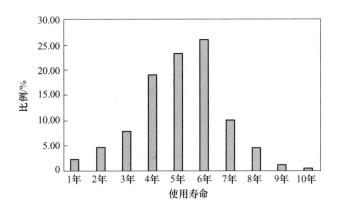

图 1-13　笔记本电脑使用报废比例

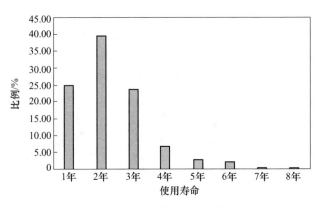

图 1-14　手机使用报废比例

1.4.4 废旧电视机、电脑、手机产生量估算

1.4.4.1 社会拥有量预测

采用 Logistic 模型对电视机、电脑、手机的平均拥有量进行预测。根据电器电子产品消费水平发展情况调查，将城镇、农村居民每百户拥有彩色电视机的极大值分别设定为 250 台和 180 台，将城镇、农村居民每百户拥有电脑的极大值分别设定为 120 台和 80 台。城镇、农村居民每百户平均拥有彩色电视机和电脑台数预测结果如图 1-15 和图 1-16 所示。将每百人拥有手机的极大值设定为 121 台，每百人手机平均拥有量预测结果如图 1-17 所示。结果显示，三种类型的电器电子产品的平均拥有量呈持续的增长趋势，但未来 8 年（2023—2030 年）的平均增长率较前 10 年（2012—2021 年）将放缓。

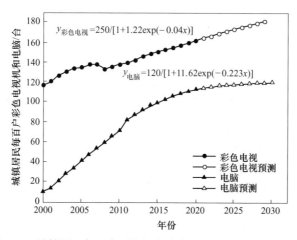

图 1-15 城镇居民每百户平均拥有彩色电视机、电脑台数预测

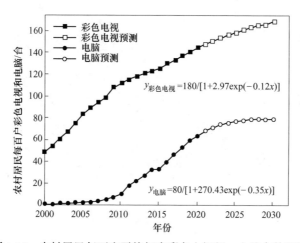

图 1-16 农村居民每百户平均拥有彩色电视机、电脑台数预测

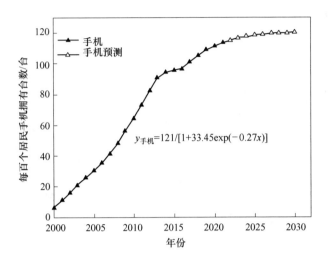

图 1-17 每百个居民手机平均拥有台数预测

　　根据我国的人口发展水平情况，结合电器电子产品的平均拥有量，三种电器电子产品的社会拥有量预测结果如图 1-18 所示。结果显示，2021 年我国电视机、电脑、手机的社会拥有量分别为 702.73 百万台、436.11 百万台、1557.84 百万台。由于电子信息技术的快速发展，我国电视机、电脑、手机的社会拥有量在未来几年还将保持持续的增长，到 2030 年，我国电视机、电脑、手机的社会拥有量将分别达到 776.49 百万台、463.65 百万台、1702.84 百万台。

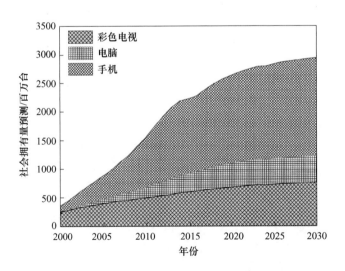

图 1-18 三类电器电子产品社会拥有量预测

1.4.4.2 产品寿命分布

根据调查问卷分析结果，四种电器电子产品的寿命分布情况如图 1-19 所示，采用累积威布尔分布对寿命进行拟合求解得到电子产品的寿命分布参数，结果见表 1-11。结果显示，我国 CRT 电视机、LCD 电视机、台式电脑、笔记本电脑、手机的平均使用寿命分别为：6.36 年、4.52 年、3.56 年、4.64 年、1.74 年。各电子产品寿命的拟合相关性良好。

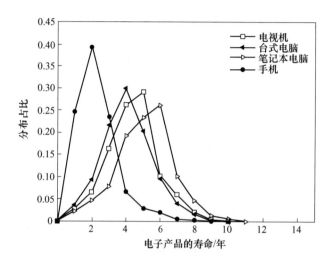

图 1-19 四种电器电子产品的寿命分布

表 1-11 产品寿命分布参数估算及相关系数 (R^2) 结果

产 品	b	y_{av}	R^2
电视机	3.12	4.00	0.996
台式电脑	3.56	2.81	0.999
笔记本电脑	4.64	3.40	0.998
手机	1.76	1.73	0.995

1.4.4.3 产生量估算

本书基于群体平衡模型对 2000—2030 年我国废旧电视机、台式电脑、笔记本电脑、手机的产生量进行估算。首先对四种电器电子产品的销售量进行预测，结果如图 1-20 所示。由图 1-20 可以看出，未来几年内，我国电视机、台式电脑、笔记本电脑、手机的销售量还将呈缓慢增长趋势。到 2030 年，我国电视机、台式电脑、笔记本电脑、手机的销售量将分别达到 112.82 百万台、59.79 百万台、65.21 百万台、972.13 百万台。

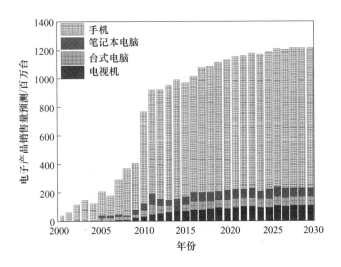

图 1-20 四种电器电子产品销售量预测

四种废旧电器电子产品的产生量估算结果如图 1-21 所示。由图 1-21 可以看出，2021 年我国废旧电视机、台式电脑、笔记本电脑、手机分别为 83.92 百万台、53.44 百万台、58.80 百万台、894.55 百万台。预计到 2030 年，将分别达到 106.41 百万台、58.66 百万台、64.62 百万台、972.13 百万台。四种电器电子产品的废弃量呈持续增长趋势，电视机的增长率明显高于其他三种电器电子产品。由于电子信息技术的不断发展，电器电子产品的更新速度不断加快，产品的使用寿命逐年降低，导致废旧电器电子产品的产生量逐年增加。

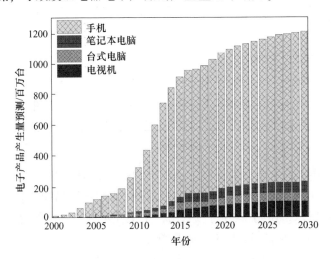

图 1-21 四种废旧电器电子产品的产生量

1.5 废旧电路板产生量及其中金属资源存量分析

本书采用物质流分析方法对废旧电路板中的金属资源存量进行分析研究。废旧电路板中的金属可分为普通金属、贵金属、稀散金属，包括金、银、铜和锡等，不同电器电子产品中电路板的质量分数不同，电路板中所含的有价金属量存在差异。不同品牌、不同年代生产的电器电子产品电路板中金属含量同样存在差异。由于数据原因，本书采用电器电子产品电路板中常见金属组分对废旧电路板中金属存量进行计算分析。

1.5.1 估算方法

电器电子产品在废弃前后质量基本保持不变，电路板在电子废弃物中占有一定的质量比例。本研究采用物质流分析方法对废旧电路板的产生量及其金属存量进行计算分析，可由下式计算得到：

$$W_{t,\text{WPCB}} = \sum_{i=1} \left[S_{(t-i)} \cdot f_t(i) \cdot w \cdot C_{\text{WPCB}} \right] \tag{1-16}$$

$$W_{t,\text{TWPCB}} = \sum_{j=1} W_{j,t,\text{WPCB}} \tag{1-17}$$

式中，$W_{t,\text{WPCB}}$ 为某产品在 t 年的废旧电路板产生量；C_{WPCB} 为某产品中废旧电路板占废弃物产生量的质量分数；$W_{t,\text{TWPCB}}$ 为 t 年各类产品废旧电路板产生量的总和；w 为某产品的平均质量。

采用物质流分析方法对废旧电路板中金属存量进行计算分析，可由下式计算得到：

$$\sum m_{k(t)} = \sum_{j=1} W_{t,\text{WPCB}} \cdot x_{j,k} \tag{1-18}$$

式中，$W_{t,\text{WPCB}}$ 为某产品在 t 年的废旧电路板产生量；$x_{j,k}$ 为金属 k 在产品 j 的电路板中所占的质量分数；$\sum m_{k(t)}$ 为 t 年废旧电路板中金属 k 的质量总和。各电器电子产品中电路板中金属的质量比例见表 1-12。

表 1-12 各种电路板中金属含量

电子产品	废旧电路板中金属的质量比例/mg·kg⁻¹					
	普通金属					
	Al	Cu	Zn	Sn	Pb	Fe
电视机	63000	180000	20000	29000	17000	49000
台式电脑	18000	200000	2700	18000	23000	13000
笔记本电脑	18000	190000	16000	16000	9800	37000
手机	15000	330000	5000	35000	13000	18000

电子产品	废旧电路板中金属的质量比例/mg·kg⁻¹							
	贵金属			稀有金属				
	Ag	Au	Pd	Ba	Bi	Co	Ga	Sr
电视机	600	200	—	3000	—	—	—	300
台式电脑	570	240	150	1900	50	48	11	380
笔记本电脑	1100	630	200	5600	120	80	10	380
手机	3800	1500	300	19000	440	280	140	430

1.5.2 废旧电路板产生量估算

本书采用物质流分析方法对四种废旧电器电子产品中的废旧电路板产生量进行估算,结果如图 1-22 所示。由图 1-22 可以看出,2021 年,废旧电视机、台式电脑、笔记本电脑、手机中废旧电路板的产生量分别为:138163t、60601t、18805t 和 33881t,废旧电路板的总产生量为 25.145 万吨。废旧电路板的产生量在未来 8 年还将呈稳定的增长趋势,并趋于稳定。到 2030 年,废旧电视机、台式电脑、笔记本电脑、手机中废旧电路板的产生量将分别达到 175196t、66517t、20665t 和 36819t,废旧电路板的总产生量将达到 29.92 万吨。废旧电视机中废旧电路板的产生量远远高于其他 3 种废旧电器电子产品。

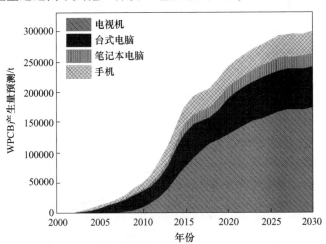

图 1-22 四种废旧电器电子产品中的废旧电路板产生量

1.5.3 金属存量及开采潜力分析

考察了四种废旧电器电子产品中金、银、铜、锡、铅和锶的存量,分析结果如图 1-23 所示。由图 1-23 可以看出，废旧手机电路板中的贵金属金、银存量高，废旧 LCD 电路板中的铜、锡存量高。2021 年，废旧电视机、台式电脑、笔记本

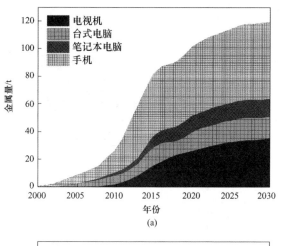

(a)

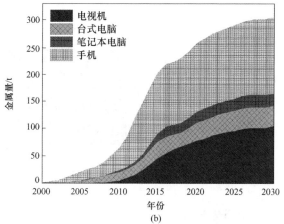

(b)

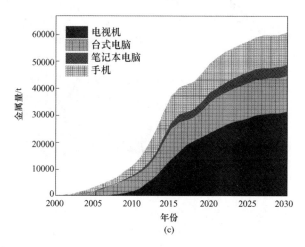

(c)

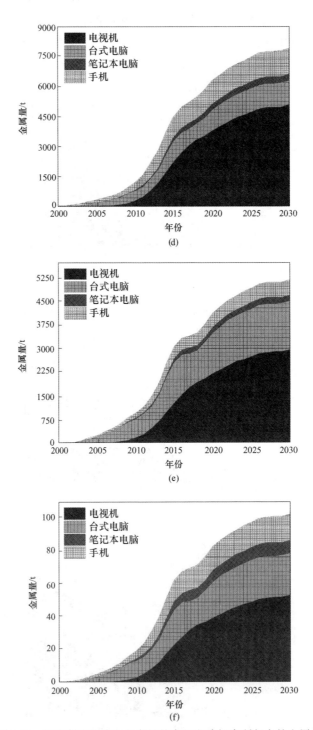

图 1-23 四种废旧电器电子产品的废旧电路板中所包含的金属量

（a）Au；（b）Ag；（c）Cu；（d）Sn；（e）Pb；（f）Sr

电脑、手机中金存量分别为 27.63t、14.54t、11.85t 和 50.82t。四种废旧电器电子产品废旧电路板中金总存量为 104.84t。到 2030 年，废旧电视机、台式电脑、笔记本电脑、手机含金存量将分别达到：35.04t、15.96t、13.01t 和 55.23t，金的总存量为 119.24t。随着报废量的增加，各废旧电器电子产品中的金存量在未来 8 年将呈稳定的增长趋势。

到 2030 年，废旧电视机、台式电脑、笔记本电脑、手机中银存量将分别达到：105.12t、37.91t、22.73t、139.91t；因此银的总存量为 305.7t。废旧电视机、台式电脑、笔记本电脑、手机中铜存量将分别达到：31535t、13303t、3926t 和 12150t；因此铜的总存量为 60915t。废旧电视机、台式电脑、笔记本电脑、手机中锡存量将分别达到：5080t、1197t、331t、1289t；故锡的总存量为 7897t。废旧电视机、台式电脑、笔记本电脑、手机中铅存量将分别达到：2978t、1530t、202t、479t；因此铅的总存量为 5189t。废旧电视机、台式电脑、笔记本电脑、手机中锶存量将分别达到：52.56t、25.28t、7.85t、11.83t；因此锶的总存量为 97.52t。废旧手机中的银存量最大，明显高于其他三种废旧产品。废旧电视机中铜、锡、铅和锶的存量最大。

由四种典型电子废弃物中的废旧电路板中金属存量的发展趋势可知，四种废旧电路板中贵金属金、银资源开采潜力大小依次为：手机、电视机、台式电脑和笔记本电脑；铜资源开采潜力大小依次为：电视机、台式电脑、手机和笔记本电脑；锡资源开采潜力大小依次为：电视机、手机、台式电脑和笔记本电脑；铅、锶资源开采潜力大小依次为：电视机、台式电脑、手机和笔记本电脑。

1.6 本章小结

（1）采用 Logistic 模型对我国电视机、电脑和手机的社会拥有量进行了预测分析。三类电器电子产品的社会拥有量在未来 8 年还将保持缓慢的增长。到 2030 年，我国电视机、电脑和手机的社会拥有量将分别达到 776.49 百万台、463.65 百万台和 1702.84 百万台。

（2）采用群体平衡模型对我国废旧电视机、台式电脑、笔记本电脑和手机的产生量及废旧电路板的产生量进行估算分析。到 2030 年，四种废旧电器电子产品产生量将分别达到 106.41 百万台、58.66 百万台、64.62 百万台和 972.13 百万台，废旧电路板的总产生量将达到 29.92 万吨。

（3）采用物质流分析方法对典型电子废弃物中的金属存量及开采潜力进行分析研究。预测未来几年四种废旧电器电子产品中废旧电路板中金属存量的增长趋势，到 2030 年，废旧电路板中金、银、铜、锡、铅和锶的存量分别为 119.24t、305.7t、60915t、7897t、5189t 和 97.52t。

参 考 文 献

[1] 周全法. 废旧家电资源化技术［M］. 北京：化学工业出版社，2012.

[2] 叶雯琪，晏海鸥，叶霆. "双碳"背景下电子废弃物全生命周期评价与管理对策［J］. 再生资源与循环经济，2022，15（11）：19-22.

[3] DELFINI M, FERRINI M, MANNI A, et al. Optimization of precious metal recovery from waste electrical and electronic equipment boards［J］. Journal of Environmental Protection, 2011（2）：675-682.

[4] 张苗. EPR 制度下考虑环保系数的电子废弃物回收处理决策优化［J］. 科技创新与生产力，2022，No. 345（10）：53-56.

[5] 郭学益，田庆华，李栋，等. 有色金属资源循环-创新研究及应用［M］. 长沙：中南大学出版社，2021.

[6] FU J, ZHONG J, CHEN D M, et al. Urban environmental governance, government intervention, and optimal strategies：A perspective on electronic waste management in China ［J］. Resources, Conservation & Recycling, 2020, 154：104547-104557.

[7] TANSEL B. From electronic consumer products to e-wastes：Global outlook, waste quantities, recycling challenges［J］. Environment International, 2016, 98：35-45.

[8] BALDÉ C P, WANG F, KUEHR R, et al. The global e-waste monitor 2014：Quantities, flows and resources［M］. Bonn：United Nation University, 2015.

[9] 李金惠，刘丽丽，杨洁，等. 国际电子废物绿色回收模式及发展趋势研究［J］. 世界环境，2016（5）：36-39.

[10] 傅鹏，朱楼颖，曹寒冰，等. 基于环境友好背景下电子废弃物回收模式、经验及对策研究［J］. 经营与管理，2022，460（10）：130-135.

[11] 罗少刚，王静荣，李志杰，等. 电子废弃物中材料组成及塑料回收处理技术现状［J］. 再生资源与循环经济，2016，9（3）：34-37.

[12] NI H G, ZENG E Y. Mass emissions of pollutants from e-waste processed in China and human exposure assessment［M］. Global Risk-Based Management of Chemical Additives Ⅱ. Springer Berlin Heidelberg, 2012：279-312.

[13] CHANCEREL P, MESKERS C E M, HAGELÜKEN C, et al. Assessment of precious metal flows during preprocessing of waste electrical and electronic equipment［J］. Journal of Industrial Ecology, 2009, 13（5）：791-810.

[14] KARAGIANNIDIS A, PERKOULIDIS G, PAPADOPULOS A, et al. Characteristics of wastes from electric and electronic equipment in Greece：Results of a field survey［J］. Waste Management & Research the Journal of the International Solid Wastes & Public Cleansing Association Iswa, 2005, 23（4）：381-388.

[15] MARQUES A C, CABRERA J M. Printed circuit boards：A review on the perspective of sustainability［J］. Journal of Environmental Management, 2013, 131：298-306.

[16] DWIVEDY M, MITTAL R K. An investigation into e-waste flows in India［J］. Journal of

Cleaner Production, 2012, 37：229-242.

[17] 电器循环技术研究所. 2020 年中国废弃电器电子产品回收处理及综合利用行业白皮书 [R]. 中国家用电器研究院, 2021.

[18] 王志鑫. 电子废弃物回收治理的现实困境与制度成因——基于社会共治视角的分析 [J]. 中国科技论坛, 2022, 316（8）：161-171.

[19] 林成森, 陈丽君, 俞东芳. 我国电子废弃物环境资源成本及回收责任分担研究 [J]. 再生资源与循环经济, 2017, 10（4）：11-15.

[20] 宋小龙, 王景伟, 杨建新, 等. 电子废弃物生命周期管理：需求、策略及展望 [J]. 生态经济（中文版）, 2016, 32（1）：105-110.

[21] 刘庆龙, 焦杏春, 王晓春, 等. 贵屿电子废弃物拆解地及周边地区表层土壤中多溴联苯醚的分布趋势 [J]. 岩矿测试, 2012, 31（6）：1006-1014.

[22] YANG H C, et al. Emission reduction benefits and efficiency of e-waste recycling in China [J]. Waste Management, 2020, 102：541-549.

[23] MISHRA P, APTE S. Scientometric analysis of research on end-of-life electronic waste and electric vehicle battery waste [J]. Journal of Scientometric Research, 2021, 10（1）：137-146.

[24] 林成森, 朱坦, 高帅, 等. 国内外电子废弃物回收体系比较与借鉴 [J]. 未来与发展, 2015（4）：14-20.

[25] 向宁, 梅凤乔, 叶文虎. 德国电子废弃物回收处理的管理实践及其借鉴 [J]. 中国人口资源与环境, 2014, 24（2）：111-118.

[26] 杨立群, 鲁敏, 张旭. 废弃电器电子产品回收处置制度现状 [J]. 江汉大学学报（自然科学版）, 2019, 47（2）：124-131.

[27] 曾延光. 美国各州电子废弃物回收立法最新进展 [J]. 信息技术与标准化, 2009（7）：24-30.

[28] HEM G, ARIYA P A. E-wastes：Bridging the knowledge gaps in global production budgets, composition, recycling and sustainability implications [J]. Sustainable Chemistry, 2020（2）：154-182.

[29] 李冬梅, 祝向荣, 陈斌, 等. 国内外电子废弃物回收管理政策和法规的分析 [J]. 科教导刊, 2016（10）：156-157.

[30] 徐鹤, 周婉颖. 日本电子废弃物管理及对我国的启示 [J]. 环境保护, 2019, 47（18）：59-62.

[31] 王亚涛, 尹建锋, 徐鹤, 等. 日本废弃小型家电回收体系及其借鉴 [J]. 未来与发展, 2014（10）：32-38.

[32] LI B, YANG J X, LV B, et al. Estimation of retired mobile phones generation in China：A comparative study on methodology [J]. Waste Management, 2015, 35：247-254.

[33] 李博, 杨建新, 吕彬, 等. 废弃电器电子产品产生量估算：方法综述与选择策略 [J]. 生态学报, 2015, 35（24）：1-9.

[34] 高颖楠, 徐鹤, 卢现军. 基于市场供给 A 模型的手机废弃量预测研究 [C] //中国环境

科学学会学术年会论文集，2010：3597-3601.

[35] LI B, YANG J, LU B, et al. Estimation of retired mobile phones generation in China：A comparative study on methodology [J]. Waste Management, 2014, 35（1）：247-254.

[36] WILKINSON S, DUFFY N, CROWE M. Waste from electrical and electronic equipment in Ireland：A status report [R]. Wexford, Ireland：Clean Technology Center, Cork Institute of Technology, 2001.

[37] 刘枚莲，钟海玲，王媛媛. 基于 GM（1，1）——斯坦福估算模型的电子废弃量预测研究 [J]. 中国市场，2015（12）：95-98.

[38] 何捷娴，樊宏，尹荔松，等. 基于 TSF-Stanford 模型的广东省家用电脑废弃量估算研究 [J]. 绿色科技，2013（10）：233-235.

[39] 张伟，蒋洪强，王金南. 我国主要电子废弃物产生量预测及特征分析 [J]. 环境科学与技术，2013，36（6）：195-199.

[40] 廖程浩，张永波. 废旧手机产生量测算方法比较研究 [J]. 生态经济（中文版），2012（3）：124-126.

[41] STEUBING B, BÖNI H, SCHLUEP M, et al. Assessing computer waste generation in Chile using material flow analysis [J]. Waste Management, 2010, 30（3）：473-482.

[42] ZHANG L, YUAN Z, BI J. Predicting future quantities of obsolete household appliances in Nanjing by a stock-based model [J]. Resources Conservation & Recycling, 2011, 55（11）：1087-1094.

[43] ZHANG L, YUAN Z, BI J, et al. Estimating future generation of obsolete household appliances in China [J]. Waste Management & Research, 2012, 30（11）：1160-1168.

[44] LIU XB, TANAKA M, MATSUI Y. Generation amount prediction and material flow analysis of electronic waste：A case study in Beijing, China [J]. Waste Management Research, 2006, 24：434-445.

[45] ANDARANI P, GOTO N. Potential e-waste generated from households in Indonesia using material flow analysis [J]. Journal of Material Cycles and Waste Management, 2014, 16（2）：306-320.

[46] 余国华，黄厚宽. 时间序列模型的选择方法 [J]. 广西师范大学学报（自然科学版），2003（1）：191-194.

[47] HABUER, NAKATANI J, MORIGUCHI Y. Time-series product and substance flow analyses of end-of-life electrical and electronic equipment in China [J]. Waste Management, 2014, 34（2）：489-497.

[48] YANG Y, WILLIAMS E. Logistic model-based forecast of sales and generation of obsolete computers in the U. S. [J]. Technological Forecasting & Social Change, 2009, 76（8）：1105-1114.

[49] RAHMANI M, NABIZADEH R, YAGHMAEIAN K, et al. Estimation of waste from computers and mobile phones in Iran [J]. Resources Conservation & Recycling, 2014, 87（87）：21-29.

[50] POLÁK M, DRÁPLOVÁ L. Estimation of end of life mobile phones generation：The case study

of the Czech Republic［J］. Waste Management, 2012, 32（8）：1583-1591.

［51］ 中华人民共和国工业和信息化部. 废弃电器电子产品处理目录（2014年版）［EB/OL］. http：//www. miit. gov. cn/n1146285/n1146352/n3054355/n3057542/n3057544/c3649950/ part/3649951. pdf, 2015-02-09.

［52］ KIM S, OGUCHI M, YOSHIDA A, et al. Estimating the amount of WEEE generated in South Korea by using the population balance model［J］. Waste Management, 2013, 33：474-483.

［53］ MURAKAMI S, OGUCHI M, TASAKI T, et al. Lifespan of commodities, Part Ⅰ The creation of a database and its review［J］. Journal of Industrial Ecology, 2010, 4：598-612.

［54］ OGUCHI M, MURAKAMI S, TASAKI T, et al. Lifespan of commodities, Part Ⅱ methodologies for estimating lifespan distribution of commodities［J］. Journal of Industrial Ecology, 2010, 14（4）：613-626.

［55］ YAN L Y, WANG A J, CHEN Q S, et al. Dynamic material flow analysis of zinc resources in China［J］. Resources, Conservation and Recycling, 2013, 75：23-31.

［56］ OGUCHI M, KAMEYA T, YAGI S, et al. Product flow analysis of various consumer durables in Japan［J］. Resources, Conservation and Recycling, 2008, 52：463-480.

［57］ 工业和信息化部运行监测协调局. 中国电子信息产业统计年鉴［M］. 北京：电子工业出版社, 2001—2020.

［58］ 中华人民共和国海关总署. 中国海关统计年鉴［M］. 北京：中国海关出版社, 2001—2020.

［59］ 中华人民共和国统计局. 中国统计年鉴［M］. 北京：中国统计出版社, 2001—2020.

［60］ 张许颖, 李月, 王永安. 14亿人国家：迈向高质量发展的未来—中国人口中长期预测［J］. 人口与健康, 2022, 300（8）：12-13.

［61］ OGUCHI M, MURAKAMI S, SAKANAKURA H, et al. A preliminary categorization of end-of-life electrical and electronic equipment as secondary metal resources［J］. Waste Management, 2011, 31：2150-2160.

［62］ GUO X Y, YAN K. Estimation of obsolete cellular phones generation：A case study of China［J］. Science of the Total Environment, 2017, 575：321-329.

［63］ 曹希敬, 胡维佳. 中国山寨手机的演进及启示［J］. 科技和产业, 2014, 14（3）：35-39.

［64］ NNOROM I C, OHAKWE J, OSIBANJO O. Survey of willingness of residents to participate in electronic waste recycling in Nigeria-A case study of mobile phone recycling［J］. Journal of Cleaner Production, 2009, 17：1629-1637.

［65］ LIANG D P, MA Z Z, QI L Y. Service quality and customer switching behavior in China′s mobile phone service sector［J］. Journal of Business Research, 2013, 66：1161-1167.

2 典型电子废弃物处理技术现状

电子废弃物的资源化回收是一个复杂的过程。由于电子产品的材料组成存在差异和元器件结合方式复杂，因此在回收过程中各种成分不容易实现分离，同时包含有价值和危险的物质，需要特殊的处理手段，降低其对环境的污染和破坏[1]。资源化回收是将电子废弃物中的金属和非金属物质进行全部回收再利用。目前的处理技术主要是先分离其中的金属，再将分离后的产品进行后续回收处理[2]。常用的回收技术包括机械处理技术、湿法冶金技术、火法冶金技术、焚烧、超临界技术和生物技术，或几种技术组合使用。

2.1 机械处理技术

机械处理技术是目前电子废弃物资源化处理过程中应用最广泛的预处理技术，根据废旧电器电子产品所用材料的密度、导电性等物理性质的不同而进行分选的方法，其中主要包括拆解、破碎、分选等步骤。该技术是电子废弃物在资源化处理处置过程中最重要的环节之一。电子废弃物机械法处理的原则流程，如图2-1所示。由于机械处理法操作简单、成本低、且不易产生二次污染，具有明显的优势，因此在电子废弃物的资源化处理中应用广泛。

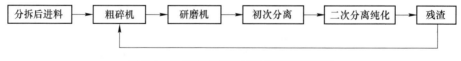

图 2-1　电子废弃物机械法处理原则流程

2.1.1 拆解

电子废弃物在资源化回收利用过程中，先进行拆解并进行分类，不经拆卸分类会影响回收工艺和其他金属的回收质量[3]。传统的人工方法不仅耗时费力，效率低下，还会导致环境污染并危害员工健康的问题。此外，另一种常用拆解方法为加热拆卸，该方法往往需要消耗较多能量，提高了回收成本[4]。通常有效的拆解是进行有效回收利用的前提。电子废弃物的分类拆解通常是一条输送自动化，拆解人工化的半自动流程。分类拆解其主要任务是将大件电子废弃物进行拆分，外壳、元器件、屏幕等进行分类。首先是将电子废弃物中含有的危险废弃物进行拆除，避免处理过程中对环境造成污染；其次是进行元器件拆解，主要是将印刷线路板上的元器件进行拆除，拆解产物包括电线、电缆、各种电子元器件等。目前，电子废弃物的拆解分类技术还处于初级阶段，手工作业多于机械作业，作业效率低，操作环境差。电子废弃物的自动化拆解成为研究开发的技术方向。

Chen 等人[5]利用工业废热产生热蒸汽熔化焊接料的方法将电子元器件和基板分离，实验证明改进的方法可以自动，绿色且高效的拆卸线路板和电子元器件。近年随着科技的高速发展，自动化机械拆卸技术也取得了不错的成绩，He 等人[6]将机器视觉原理应用于手机废旧电路板的自动拆卸过程中，实现 CPU 在手机电路板上的自动拆卸和存放。何俊等人[7]将成像传感技术和加热夹持设备相结合，成功设计出一款智能机械拆卸回收装置，该装置可让拆卸问题自动处理。该智能拆卸装置具有拆解速度及效率高于人工的优势，但也存在缺点，其无法处理大批量产品。日本 NEC 公司开发了一套废弃线路板中电子元器件全自动拆解装置，利用红外加热及垂直方向和水平方向的冲击力作用，使元器件自动脱落，同时不对元器件造成损伤。

2.1.2 破碎

电子废弃物成分复杂，其中金属与非金属组分在力学性能上存在较大差异。破碎是破坏固体质点间的内聚力和分子间的作用力，使大块固体分裂成小块的过程。电子废弃物破碎的主要目的是：将组成不一的废物混合均匀，防止锋利、粗大的废弃物损坏分选，同时减小容积。根据破碎过程的介质不同可分为干法破碎和湿法破碎，破碎程度根据后续分选的需求而定。

为了更好地达到材料分离的目的，需要将电子废弃物破碎成较小的尺寸。在破碎过程中需要将大小不一的电子废弃物破碎成细小尺寸，然后根据尺寸大小分类，最后混合均匀。废旧电路板的破碎后尺寸大小根据后续分离工艺确定，例如处理废旧电路板时一般先破碎成 4cm×4cm 尺寸，然后进行筛分处理。相关研究表明，物料破碎至 0.66mm，金属几乎能完全分离出来[8]。Guo 等人[9]提出采用两步法破碎工艺，先将电路板破碎至 10cm×10cm，而后将其粒度粉碎至 ϕ25mm 以下，利用 XZS-300 型 ϕ0.074mm、0.15mm、0.3mm、0.6mm、0.9mm 和 1.25mm 标准筛和 XSB-70B 型 ϕ200mm 电动振动筛对破碎物料进行筛分分级，查看不同粒度等级物料的拆离状况，并采取物理手段将 WPCB 中的金属成分进行分选。结果表明，金属总体集中于 0.15~1.25mm 的粒度范围内。

2.1.3 分选

分选是机械处理的关键步骤，这一步将决定机械处理技术的效果。常用的分选方法有：重力分选、磁性分选、静电分选和涡流分选等[10]。多级破碎分选工艺是现在常用的工业作业体系，作业工序如图 2-2 所示[11]。破碎后的物料经过磁选后初步分离其中的铁，再进一步破碎进行筛分处理，然后将筛分后的组分通过静电分选和离心分选的方式进行分离。

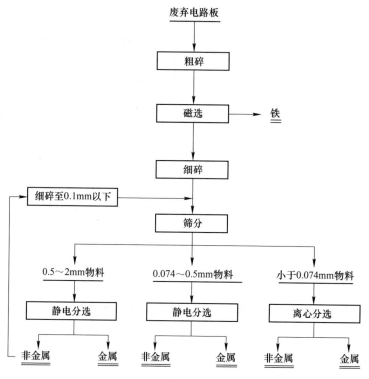

图 2-2   多级破碎分选工艺流程图

在电子废弃物分选过程中，研究人员基于物质的密度特性，电子特性等提出了一系列有效的方法。Das 等人[12]针对回收废旧电路板过程中小且扁平化金属器件回收效果差的问题，提出一种先利用重选预浓缩，再利用浮选和强化重选的方法。实验证明该方法有效地提高了废旧电路板中金属的回收率。马国军等人[13]将磁选和重选工艺相结合提高了 Fe、Cu 和 Ni 等金属的回收率，其回收率分别为 100%、80% 和 88%。Zhang 等人[14]针对废旧电路板中电动分离器进行改进，分析了 8 种变量对分离的影响并确定显著变量。在改进的工艺下可以实现产出金属品位在 93%~99%，金属铜的回收率达到 95%~99%。

经过物理方法回收过后的产物分为金属部分和非金属部分[15]。机械处理法处理得到的金属部分中金属纯度不够高，往往有其他金属夹杂，分离产物需要结合其他工艺方法进行下一步分离提纯处理[16]。机械处理所得的非金属部分产物，由于物理方法无法使得金属成分完全去除以至于影响该部分的二次利用[17]。机械处理法具有操作简便、对环境污染小的优势，但是机械处理的分离不完全，较难实现金属间的分离，目前该方法主要作为电子废弃物回收的一种前处理方式。

2.2 湿法冶金回收技术

湿法冶金主要是利用各种溶剂对金属和有机物的溶解性差异，完成不同组分的分离[18]。电子废料的湿法冶金回收技术发展比较早，早在 20 世纪就在西方发达国家开始应用发展[19]。湿法冶金回收技术运用较多的是将金属溶解在溶剂中，然后通过沉淀、萃取等方法提取金属[20]。电子废弃物湿法冶金工艺主要有两个过程：浸出过程和回收金属过程[21]。金属的浸出过程是电子废弃物金属回收的关键一步，浸出剂的选择关系到后续的回收工艺和回收金属质量。目前常用的浸出剂有酸、氨和氰化物等[22]，目前酸浸法的应用较为广泛，工艺流程如图 2-3 所示。

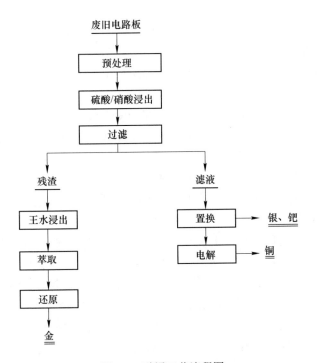

图 2-3 酸浸工艺流程图

酸浸法多采用 HCl、H_2SO_4 和 HNO_3 作浸出剂[23-24]。李桂春等人[25]使用

H_2SO_4-H_2O_2作为浸出剂，研究结果表明硫酸-双氧水浸出工艺中 Cu 的浸出率最高为 97.58%。王龙等人[26]探究了氨水-氯化铵对废旧电路板中 Cu 的浸出影响。根据实验可以证明，在最优工艺条件下废旧电路板中 Cu 的浸出率最高可达到 88%，并且铜与铁进行初步分离。

Wang 等人[27]将经过前期机械处理后的废旧手机电路板粉末作为实验原料，探究盐酸浓度、过氧化氢浓度、搅拌速度、实验温度和液固比对金属铜回收的影响。结果表明，盐酸浓度、过氧化氢浓度的提高可以有效提高铜的回收效果，与此同时，搅拌速度的增加、实验温度的提高，以及增大液固比都有利于铜的回收。

Yang 等人[28]探究了金在硫脲（Tu）和硫氰酸盐酸性溶液中的溶解效果，实验结果表明利用这种混合溶液的协同反应可以提高金的溶解速度，金的最佳溶解参数为 0.5nmol/L 的硫脲（Tu）和 0.05mol/L 的氰酸盐。

Zhu 等人[29]采用电氧化法回收废旧电路板中的铜，使用硫酸溶液溶解废旧线路板以浸出铜，反应过程中引入既是配合剂又作为氧化剂的氯离子加速了反应速率，将反应时间控制 3.5h 范围内，铜的浸出率高达 100%。

马立文等人[30]采用两步法改进电路板回收的浸出步骤。浸出的第一步是利用硫酸-双氧水将非贵金属浸出。第二步是利用王水继续提取渣中的贵金属（金），在温度 40℃，反应时长为 0.5h 下，金的回收率达 97.5%。

Koyama 等人[31]研究了采用新型节能湿法技术从电子废弃物中回收铜，在氮气气氛下，用萃取还原技术，将铜氧化成二价的铜离子，随后还原成金属铜。研究表明，废旧电路板破碎后可以有效提高铜的浸出效果，但温度对萃取还原效果没有明显作用，根据实验结果可知采取该技术高效回收铜是可行的。

浸出剂对金属和杂质的选择性浸出是湿法回收技术的关键[32-33]。酸浸法主要适用于提取各种有价金属，氨浸法主要适用于提取杂质金属。废旧电路板采用湿法冶金技术处理适用于较小的处理量，由于不可避免会产生废水，因此需要配置相应的废水处理系统。

采用湿法技术处理具有以下优点：（1）由于目前工业上湿法技术成熟，因此湿法回收的结果更加精准，回收过程更易控制。（2）湿法主要是将电子废弃物破碎后的物料溶解再通过一系列化学反应提取出目标金属，因此所需的设备少，能耗相对较低。（3）湿法冶金获得的金属物质纯度较高。

然而采用湿法技术处理电子废弃物也存在着明显的缺点：（1）当回收的物质是不易溶解浸出的类型或回收物质外部存在保护层时，该方法的回收效果会变得不理想。（2）回收物料中存在成分复杂，多使用强酸强碱，处理不当等情况，容易对环境造成污染和危害。（3）湿法回收废旧电路板时，贵金属的回收效果理想，但是其他金属的回收效果不佳，容易造成资源浪费。

2.3 焚烧回收技术

焚烧法是将直接将废旧电路板进行焚化处理，回收处理燃烧残渣中的金属[34]。直接焚烧法能大批量处理废旧电路板，并且操作简单，其在废旧电路板的回收工艺中占有一定的地位。但是直接焚烧法在焚烧过程中极易产生二噁英、呋喃等有害气体污染环境，现在我国已经对焚化厂进行了整改，大部分焚化厂都不允许处理废旧电路板。目前对废旧电路板直接焚烧法的研究大多着眼在如何减少焚烧过程含溴气体的产生[35]。

马增益等人[36]通过在废旧电路板焚烧过程添加 CaO 达到消除 HBr 危害的目的。其实验探究了温度、空气系数和 Ca/Br 对 HBr 排放的影响。实验结果表明在 850℃加入 CaO 可以很好地减少焚烧过程 HBr 的产生。

郭键柄等人[37]利用独立研发的流态化焚烧炉处理废旧电路板，从而回收有价金属。实验装置如图 2-4 所示，试验将材料破碎至小粒径并与添加剂混合投入炉内，调节温度、风量、燃料量。该试验具有贵金属回收率高、烟气可达排放标准的优势。

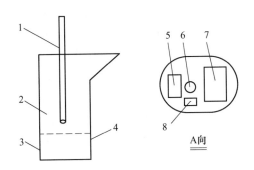

图 2-4 装置示意图
1—水冷喷枪；2—炉身；3—出铜口；4—出渣口；5—进料口；
6—喷枪口；7—出烟口；8—观察口

2.4 非常规技术

2.4.1 超临界技术

除了固、液、气三种状态外，部分物质还能形成超临界态。常见的超临界流体有 CO_2、甲醇、乙醇和丙酮等。Xiu 等人[38]研究超临界水氧化和超临界水解聚这两种预处理方法对不同金属回收效率的影响，结果表明预处理后对铜和铅的回收率有显著效果，并且温度的升高也有利于金属的回收，由此可知采取该技术资源化 WEEE 也有明显成效。超临界处理法具有对环境的污染低、不会危害人体的优势。但该技术得到的产物需进一步处理提纯，且该技术仍处于不成熟阶段，有待进一步优化。

2.4.2 生物技术

近些年来，生物技术也被提出用来回收处理电子废弃物。该技术主要依赖于微生物新陈代谢过程中的吸附作用，实现各种金属的富集[39]。生物技术由于具有工艺流程短、环境友好的优势被研究者所青睐[40]。硫杆菌和氰化菌是两种最常用于回收金属的微生物。生物技术具有能耗小、污染小且对设备要求不高的特点，但这项技术目前还仅在实验室内进行，尚未应用于工业，并且微生物被用于金属回收的技术方案还不够完善，所以通过生物技术处理废旧电路板仍需要研究人员对其进一步探索。

Zhou 等人[41]将单孢菌和巨大芽孢杆菌菌株共同培育，提供高浓度氰化物，利用生物浸出辅助连续泡沫分离技术将废旧电路板中金选择性浸出。实验结果表明，在 pH = 10.0，矿浆密度为 5g/L，浸出时间为 34h 时，金的浸出率为83.59%。当改进泡沫分馏内部组分后，在 CTAB 浓度为 0.2g/L、容积空气流量为 100mL/min、进料流量为 10mL/min 的条件下，金的浸出率将达到 87.46%。

Faramarzi 等人[42]采用氰细菌处理废旧电路板碎片以回收金，废旧电路板中的金以 $Au(CN)_2^-$ 的形式浸出，尽管该技术浸出率较低，但该实验可以证明采取氰细菌浸出金的可行性。

周培国等人[43]探究了利用从煤堆积水中获取的氧化亚铁硫杆菌将废旧电路板的铜选择性浸出实验，通过改变废旧电路板粉末添加量，研究铜的浸出效果。由结果可知，在废旧电路板粉末添加量为 10g/L、20g/L 时，废旧电路板中的铜可以完全浸出。其原理为微生物浸出的间接作用，将二价铁离子氧化成三价铁离子，从而将单质铜氧化入液，实现铜的浸出。

生物冶金技术是环保地处理电子废弃物的方法，前景可观，但生物冶金技术也存在相应的缺点。目前，浸出和吸附的相关机理研究较少，并且该技术多采用微生物作为实验用材，所以对实验环境要求相对苛刻，从而导致该项技术在处理电子废弃物的产业化上不易推广，较难实现工业化应用[44]。

2.4.3 等离子体熔融气化技术

等离子体熔融气化技术在固废领域取得了很多成果，被称作"固废终结者"[45]。该工艺能够回收各种含量的金属，单纯通过此技术可以回收金属铜，通过与湿法技术相结合还可以将废料中的其他金属回收。并且，不同于焚烧、热分解等技术易产生二噁英等有毒有害气体，由于利用该技术处理电子废弃物后排出的气体中有毒物质含量低，气体多可直接作为燃料使用[46]。由于采取等离子体熔融气化技术解决各类 WPCB 问题时无须大型机器的特点，使该方法在推广方面则具有很大便利性。并且，对于有需求的工厂可选择自行建立处理系统[47]。但是该技术需要的仪器价格昂贵，较难实现大规模生产。

2.5 高温熔炼技术

高温熔炼被应用于电子废弃物金属回收，至今仍然发挥着不可替代的作用。其主要原理是通过高温将电子废弃物中的金属物质和非金属物质分离。在高温炉中非金属物质一般被燃烧气化分解或浮于金属物质上方，易于后续分离，而火法回收得到的金属熔融物则可以通过电解法或与其他技术结合提炼出贵金属。火法处理技术具有普适性强的特点，该方式可适用于任何类型的废旧电路板的回收，对其金属与非金属物质的组成无特定要求。典型的火法处理技术回收电子废弃物的原则流程图 2-5 所示[48]。

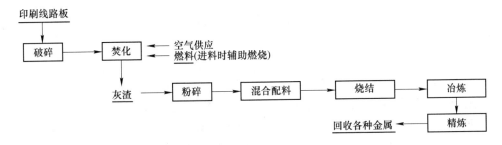

图 2-5 火法冶金回收废旧电路板原则流程图

由于废旧电路板基板的材料为环氧树脂、聚乙烯等有机物，这可以为熔炼过程提供热能，其中的钙硅氧化物可以取代部分造渣剂，减少燃料和造渣剂的使用。由于高温熔池熔炼既能充分回收电子废弃物中的有价金属，又能使电子废弃物中的有机物和玻璃纤维发挥作用，该方法在 WPCB 回收的应用较多。

李宏鹏[49]采用低温焙烧—高温熔炼法资源化废旧电路板中的有价金属，在该工艺中，易挥发的金属和无机物先通过焙烧除去，再采取火法熔炼回收废旧电路板中的有价金属。该方法具有很强的适应性，操作流程也较为简便。但该方法也存在一些不足，实验在大气中进行，将会造成环境污染。另外，此研究主要针对 Cu-Sn 合金，并未考虑到电路板金属成分复杂的特点。

优美科公司通过艾萨炉对废旧电路板中的有价金属进行熔炼回收，大大提升贵金属的提取成效。中国瑞林采用的 NRTS 富氧顶吹熔池熔炼技术处理废旧电路板正处于大力推广状态，NRTS 炉生产工艺系统主要由原料配料、NRTS 炉熔炼、余热再利用、废气处理四个部分组成[50]。该技术具有自动化程度高、废旧电路板的处理效率高、有效地控制二噁英产生、环保效果好能耗低的优势。目前，该工艺在工业应用方面也得到了验证。

李冲等人[51]提出运用侧吹熔池熔炼技术回收废旧电路板。该工艺需预先处理原料、再经过侧吹熔炼，最后经过废气处理完成回收任务。结果表明，该工艺能够回收不同品位的原料，并且在金属回收率方面也具有优势，此外，对环境友好也是该工艺一大明显特点。

高温熔炼技术处理量大、综合处理能力强、处理过程短，但由于其在处理过程容易产生废气等污染环境，因此，在生产过程中需要通过各阶段的控制来减少甚至消除二噁英的产生。总的来说，高温熔炼技术在电子废弃物回收中具有重要作用，并且是一种普适性强的方法，针对任何种类的电路板都可以有效进行回收。然而，在具体的回收工艺中需要与其他方法相结合以规避火法对活泼金属难回收、易产生有害烟气造成污染等弊端。高温熔炼技术一直以来都是研究电子废弃物回收的热点技术之一，但该技术仍有较多缺点需要改进。

2.6 协同熔炼回收技术

目前，利用以废治废的思路日趋流行，针对电子废弃物的回收，采用与其他固废进行搭配熔炼从而回收有价金属也广泛应用在实际生产中。搭配熔炼具有明显的优势，其采取的原料大多是废料、精炼渣等，成本低廉，性价比高。随着环境友好的需求越来越高，清洁生产成为了回收过程一大目标，而搭配熔炼在熔炼过程中充分利用自身材料作燃料，不仅可以有效降低能耗，而且金属回收效果好，同时火法熔炼处理体量大，面对成分复杂的废旧电路板也可以很好地回收。搭配熔炼技术，通过综合利用回收原料，可以最大限度地提高熔炼的产出量，同时能降低成本，且产生的废渣少，有利于促进废旧电路板的循环利用。由此可知搭配熔炼技术在废旧电路板回收中的应用具有很大的研究前景。在实际生产中较常见的是通过富氧顶吹协同熔炼的方式回收废旧电路板。其主要是将废旧电路板与其他冶金固废进行协同熔炼，通过其他工业固废中的成分提供造渣剂，并回收废旧电路板与工业固废中可回收的金属，生产工艺如图 2-6 所示。

协同熔炼技术主要回收废旧电路板碎料、返烟尘、精炼渣中的金属，通过石灰石、石英砂、粉煤和球团矿等物料进行调控。熔炼过程中通过皮带连续将主料和辅料送入，通入空气作为熔炼过程中的氧化剂，辅料主要用于熔炼过程的造渣反应，从而分离铜与铅、锡等金属。顶吹熔炼过程主要通过铜去捕集贵金属，将贵金属金、银等都熔融进入粗铜相中；熔炼产生的粗铜再通过电解精炼的方式进

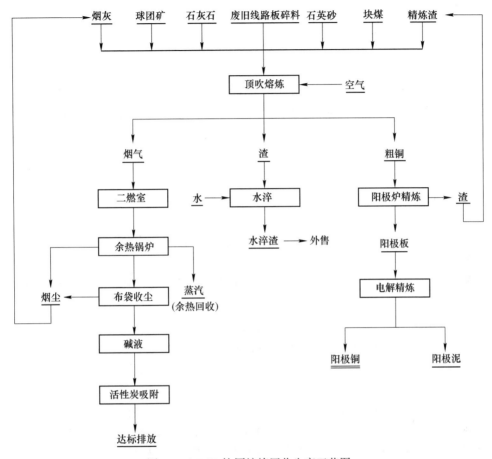

图 2-6　WPCB 协同熔炼回收生产工艺图

行提纯生产阴极铜，然后从阳极泥中回收贵金属。熔炼过程产生的烟气主要为废旧电路板中的基板等非金属高分子化合物在高温冶炼过程中进行分解产生，这部分有机物在熔炼过程中容易生成呋喃、二噁英等需要消除的物质，因此，需对生成的烟气经环保处理达标才能排放。

保自坤等人[52]利用搭配熔炼技术将粗铅的冶炼过程中加入低品位的铅锌共生氧化矿，研究了搭配处理铅锌低品位氧化矿处理工艺的可行性，有效地回收了资源，增加了工厂的经济效益。刘斌[53]探究了通过搭配氧化铅与离析锡渣的熔炼技术，该方法可以直接产出锡铅合金，减少了中间产物和脱砷处理工作，简化了炉窑的处理工作量，并且合理利用了工业固废。通过废旧电路板组成特点的研究，刘重伟[54]探究了搭配熔炼技术在废旧电路板中的应用，实验表明通过搭配熔炼技术可有效回收废旧电路板中的有价金属，同时使得废渣得以较大程度的被利用。

采用冶炼固废作为造渣剂进行高温富氧顶吹熔炼有以下优势：

(1) 处理种类多，处理规模大。高温富氧顶吹熔炼属于火法类技术，对电子废弃物的种类和品位要求不高，适应性强，并且可以批量处理，在工业生产上方便推广。

(2) 以废治废，最大化利用二次资源。电子废弃物采用高温富氧顶吹熔炼进行回收处理时采用多种固废搭配进行综合熔炼处理，在回收电子废弃物的二次资源的同时，工业固废也得到了有效利用处理。

(3) 能耗低，处理成本低。由于电子废弃物成分中包含大量有机物，高温富氧顶吹熔炼过程所需的部分热能可由电子废弃物自身提供，这将大大降低能耗需求，节约回收成本。

2.7 火法熔炼过程渣型研究现状

炉渣是火法冶金中形成的以各种氧化物为主的多组分熔体。炉渣的理化性质不仅对研究炉渣液态结构是必要的，而且对冶炼过程能否顺利进行也相当重要。在许多火法冶金过程中，矿物原料中的主要金属通常以金属形态、合金形态或者熔锍形态生成，而矿物原料中的脉石成分及杂质元素在熔炼过程会与造渣熔剂结合形成一种主要成分为氧化物的熔体，即熔渣。熔渣是火法冶炼过程的重要产物之一，熔炼过程熔渣的产量较大，可达主金属或者熔锍产出量的 1~5 倍，并且熔渣在火法熔炼过程中通常起着非常重要的作用。在冶炼过程中，炉渣的物理化学性质（如熔化温度、黏度、密度、表面张力和电导率等）极大地影响着冶炼工艺的顺利进行及冶炼产物的品质，而炉渣的组成又在很大程度上决定着熔渣的物理化学性质。

目前，国内外的冶金工作者对火法冶炼过程炉渣渣型已有较多的研究，包括炉渣组成对不同渣系的熔化温度、黏度、密度及电导率等性质的研究及炉渣渣型对冶炼过程的影响，所得结论对火法冶炼过程具有极大的指导作用。在火法熔炼过程中，渣型和炉渣组成将决定熔炼能够顺利进行。在熔炼过程中，炉渣的组分通常是会有变化的，组成的变化对炉渣的物理性能、熔炼过程的进行具有重要影响。目前许多学者针对炉渣的组成对渣的物理性质、渣系相图变化情况展开了研究，如今形成了一个成熟的数据库。利用这些相图数据库能为工艺生产提供必要的数据支持。其研究结果表明在该渣系中加入适量的 CaO（<15%）能降低炉渣的熔化温度和黏度。张忠堂等人[55]探究了 Fe/SiO$_2$、CaO/SiO$_2$、温度等因素对 FeO-SiO$_2$-CaO-ZnO-5%Al$_2$O$_3$ 渣系熔化温度的影响。研究结果表明 PbO-FeO$_x$-CaO-SiO$_2$-ZnO 渣系的熔化温度随着 Fe/SiO$_2$ 和 CaO/SiO$_2$ 的增大而不断升高。

熔炼的渣型与工艺复杂多样，不少学者从冶炼工艺方面对熔炼渣型开展了研究。张江龙[56]以降低铜损失为出发点，对工业生产中的铜底吹熔炼过程铜的控制进行了研究，结果表明在冶炼过程中机械损失是铜的主要损失路径，减少烟道结焦可以明显降低铜损失。李东波等人[57]对工业艾萨炉熔池熔炼过程渣中的铁元素流向开展了研究，结果表明渣中的 CaO 的存在能够抑制炉渣中的 FeO 转变为 Fe_3O_4。

屈经文等人[58]运用改良过的上旋转式黏度计测出了不同温度下 FeO-SiO_2-CaO 渣系的黏度，并绘制了 1400℃、1350℃、1300℃ 和 1250℃ 时的等黏度曲线图（见图 2-7），研究发现：温度为 1400℃、1350℃ 和 1300℃ 时，在对称轴的上半部，当二氧化硅含量一定时，随着 CaO 含量的增加，体系黏度并不发生明显变化；而当 CaO 含量一定时，体系黏度随着二氧化硅含量的增加而不断地升高，随

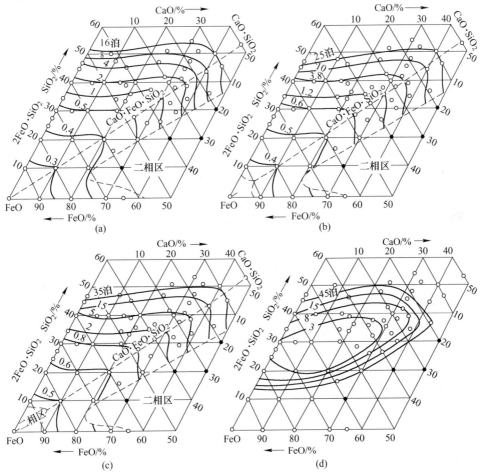

图 2-7　不同温度下 FeO-SiO_2-CaO 渣系等黏度曲线（1 泊=0.1Pa·s）[58]

(a) 1400℃；(b) 1350℃；(c) 1300℃；(d) 1250℃

着氧化亚铁含量的增加而不断降低；在对称轴的下半部，随着 CaO 含量的增加，体系黏度不断增大。当温度为 1250℃ 时，体系黏度的变化与前述有所不同：在一定的组成范围内，固定 CaO 含量一定，当二氧化硅的含量（质量分数）低于 30% 时，黏度随二氧化硅含量的增加而降低；当二氧化硅的含量高于 30% 时，黏度随二氧化硅含量的增大而增大；当氧化亚铁含量一定，二氧化硅的含量高于 30% 时，黏度随氧化钙含量的增加而降低；当二氧化硅的含量低于 30% 时，黏度随氧化钙含量的增加而增大；随着氧化亚铁含量的增加，炉渣体系的黏度总体呈减小的趋势，但当二氧化硅的含量大于 40% 时，氧化亚铁对炉渣体系黏度的影响较小，这可能是因为当炉渣体系二氧化硅含量过高时，此时渣系内硅氧阴离子是黏度的主要限制性环节。

Shiraishi 等人[59]采用旋转柱体法和阿基米德方法分别测定 FeO-SiO$_2$ 体系的黏度和密度，结果发现，随着温度的升高，体系的黏度和密度逐渐降低。同一温度下，随着 SiO$_2$ 含量的增加，体系的黏度随之增大而密度是减小的。

Ji 等人[60]通过实验测定了温度区间在 1150~1480℃，CaO 含量（质量分数）在 5.5%~45.5%，FeO 含量（质量分数）在 10%~70% 条件下 CaO-Fe$_n$O-SiO$_2$ 体系的黏度。研究表明，CaO-Fe$_n$O-SiO$_2$ 体系的黏度随着温度的升高而降低。随着 CaO 含量的增加，体系黏度逐渐增大，增加体系 FeO 的含量有利于黏度的降低。在此基础上，通过建立模型绘出了 1300℃ 和 1400℃ 下等黏度曲线图（见图 2-8），由图 2-8 可见，二氧化硅含量一定时，随着 CaO 含量的增加，体系黏度变化不大；而当 CaO 含量一定时，体系黏度随着二氧化硅含量的增加而不断地增大，随着氧化铁含量的增加而不断减少。该模型计算结果与文献[58]所得结论有较好的一致性。

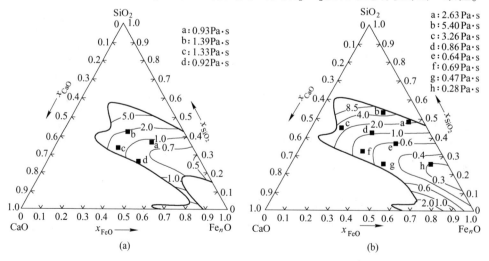

图 2-8 不同温度下 CaO-Fe$_n$O-SiO$_2$ 渣系等黏度曲线[60]

（a）1300℃；（b）1400℃

Lee 等人[61]采用最大泡压法对 FeO-SiO$_2$-CaO 渣系密度在不同温度、不同配比的条件下进行了研究，结果表明，在1250℃时，氧化亚铁的含量越高，炉渣的密度越大，最大可达到 3.5g/cm^3，而炉渣的密度随着 SiO$_2$ 含量的增加而减小。

Pal 等人[62]采用电导率测量方法，研究了830℃下 PbO 摩尔分数在 0.45～0.60 组成范围内，PbO-SiO$_2$ 熔体中金属铅的分散和生长现象。研究发现，熔融硅酸盐的导电性与氧的分压无关。但在还原气氛下，金属铅的分散和生长会引起硅酸铅熔体组成的变化和导电性的变化。在还原初期，观察到熔体的电导率是增加的，这是由于铅粒子分散后的电子发射引起的。在随后的还原过程中，观察到电导率逐渐下降是由于熔融硅酸盐组成的变化及铅粒子的生长和沉降。

Barati 等[63-64]通过实验研究了不同氧分压，FeO 质量分数为 30%，CaO/SiO$_2$ 为 0.5、1.0 和 2.0 条件下 CaO-SiO$_2$-FeO$_x$ 电导率和电子导电性。研究结果表明，电导率随着 CaO/SiO$_2$ 比值的增加而增大，随 Fe^{3+}/Fe^{2+} 比值的增加而降低；电子迁移数主要由氧分压和炉渣碱度决定，基本与温度无关。同时还得出离子活化能和电子导电性随渣中 CaO/SiO$_2$ 的增加而降低。

Vadász[65]和 Skupien[66]采用气泡最大压力法对 FeO-SiO$_2$-CaO 系有色冶金炉渣进行了表面张力的深入研究，结果表明，表面张力随着熔渣碱度的增加和温度的降低而增大。Wu 等人[67]基于离子和分子共存理论（IMCT）建立了热力学计算模型，计算出了 FeO-SiO$_2$-CaO 渣系的表面张力，结果发现，FeO-SiO$_2$-CaO 渣系的表面张力随着温度的升高和 SiO$_2$ 含量的增加而降低，随着 CaO 含量的增加而增大。

尹飞等人[68]结合铅富氧闪速熔炼的特点，研究了 FeO/SiO$_2$、CaO/SiO$_2$ 及 ZnO 含量对炉渣性质的影响。结果表明，随着渣中 FeO/SiO$_2$ 的改变，炉渣的性质变化较大，渣中氧化亚铁的含量适当增大可降低炉渣的熔化温度和黏度；炉渣的熔化温度随 CaO/SiO$_2$ 的增加呈上升趋势，而黏度则随 CaO/SiO$_2$ 的增大而降低；炉渣中 ZnO 含量（质量分数）在 4%～12% 时，对炉渣的物理化学性质影响不明显。在此基础上，研究了 CaO 含量对终渣含铅的影响，研究结果表明，适当提高炉渣中 CaO 的含量，可以有效降低渣中铅的含量，经过实验研究确定合适的渣型为 FeO/SiO$_2$ 为 1.15，CaO/SiO$_2$ 为 0.6。

胡云生[69]研究指出，炼铅炉渣中 FeO、SiO$_2$ 和 CaO 之间的数量比及赋存形态决定了炉渣的物化性质，当二氧化硅含量不变而氧化亚铁较多时（28.2%～33.4%），炉渣以熔化温度为 1200℃ 的硅酸铁盐为主，但硅铁渣密度比较大，不利于渣和金属铅的分离，进而导致铅在渣中损失增大；同时，高铁渣对金属硫化物的溶解度也较高，增大了炉渣中铅的含量，而高钙渣则与此相反，不仅密度较小，同时对金属硫化物的溶解度也较小；当渣中氧化钙充足时，CaO 从 xPbO·ySiO$_2$ 中置换出 PbO，使 PbO 活度增加，并使 PbO 与 PbS 发生交互反应 PbO+

$PbS \Longrightarrow Pb+SO_2$，以提高金属直收率；同时炉渣的熔化温度随着渣中氧化钙含量的增加而上升，且上升的温度梯度逐渐变小，熔化温度高的炉渣能较好的过热，有利于降低渣中金属含量。

易坚等人[70]对 QSL 炼铅法炉渣渣型的选择进行了研究，指出炉渣的 Fe/SiO_2、CaO/SiO_2 的选择应该考虑到炉渣的热力学性质、熔化温度、黏度及后续锌的回收等，进而达到熔炼过程氧化铅的最大还原速率以及含铅量低的炉渣；通过对铅渣热力学性质进行分析，得出渣中 PbO 的活度系数随着 CaO/SiO_2 的增加而增大，随着 Fe/SiO_2 的增加而减小；对 ZnO-FeO-SiO_2-CaO 四元系液相线分析结果表明，当氧化锌含量一定时（质量分数 12.8%），四元系液相线温度几乎由 CaO/SiO_2 决定，氧化亚铁由 35% 增至 45%，对液相线温度影响较小；通过对不同氧化锌含量、Fe/SiO_2 及 CaO/SiO_2 条件下炉渣的熔化温度及黏度进行计算，得出高 CaO/SiO_2、低 Fe/SiO_2 炉渣的熔化温度并非高于低 CaO/SiO_2 炉渣。

顾鹤林等人[71]对顶吹炉直接炼铅工艺炉渣渣型的选择与控制进行了研究，结果表明，为了达到理想的渣型，需要严格控制炉渣中二氧化硅、氧化亚铁和氧化钙三种成分的比例；一般情况下，炉渣中 Fe/SiO_2 应控制在 1.2 左右，氧化钙含量（质量分数）在 5% 左右，此时炉渣的熔化温度低于 1200℃；若渣中二氧化硅、氧化亚铁和氧化钙三种成分比例不在上述范围内，则会增大炉渣的熔化温度，不利于熔炼过程的进行；炉渣中氧化钙含量的增大可以提高氧化铅的活度，在 SiO_2-FeO-PbO-CaO-ZnO 共同存在的条件下，应控制适当的氧分压，在 1150℃ 时，至少应维持 $\lg p_{O_2} < -7$，以促进金属铅的生成；如果控制氧分压过高，则可能会造成渣中氧化铅的含量升高，进而增大铅在渣中的损失。

崔雅茹等人[72]采用 FactSage 热力学软件及相关实验对液态高铅渣还原过程炉渣熔化温度进行了研究，考察了当氧化铅含量范围在 2.5%~50.0%，氧化锌含量范围在 6%~13% 时，炉渣组分的变化对炉渣熔化性能的影响；研究结果表明，PbO-FeO-CaO-SiO_2-ZnO 渣系相图中，熔化温度低于 1150℃ 的区域面积随着氧化锌含量的增加而增大，随着氧化铅含量的降低而减小。当 FeO/SiO_2 控制在 1.5~2.2，CaO/SiO_2 控制在 0.4~1.0 之间时，随着 FeO/SiO_2 的增大炉渣的熔化温度也随之增大；固定渣中铅及氧化锌含量，当 FeO/SiO_2 控制在 1.6~2.0 范围内，氧化钙（质量分数）从 10% 增加到 22% 时，随着氧化钙含量的增大炉渣的熔化温度逐渐降低；渣中铅含量（质量分数）从 50% 减小到 2.5%，CaO/SiO_2 为 0.35~0.54，FeO/SiO_2 为 1.2~1.8 时，炉渣熔化温度均低于 1150℃。

高运明等人[73]根据熔渣离子理论，即氧化物渣样在固态时基本不导电，但熔化后会成为熔融电解质，熔渣中质点主要以离子形式存在，具有良好导电性这一原理，利用导电法考察了氧化亚铁含量对 SiO_2-CaO-Al_2O_3-MgO(-FeO) 渣系熔化温度的影响，发现当渣中氧化亚铁含量（质量分数）低于 20% 时，随着氧化亚铁含量的增加，炉渣熔化温度降低幅度较大；当渣中氧化亚铁含量（质量分数）高于 20% 时，随着氧化亚铁含量的增加，炉渣熔化温度降低趋势变缓。

Chuang 等人[74]采用半球点法研究了氧化亚铁含量对 CaO-SiO$_2$-MgO-Al$_2$O$_3$ 渣系熔化温度的影响，得出当氧化亚铁含量（质量分数）增加到 20% 时，该渣系的熔化温度显著降低。

崔雅茹等人[75]对高铅渣直接还原过程的 PbO-FeO$_x$-CaO-SiO$_2$-ZnO 多元系相平衡进行了研究，以 PbO-FeO$_x$-CaO-SiO$_2$-ZnO 五元渣系为研究对象，研究了一定温度下高铅渣的物相组成，并结合实验及 X 射线衍射等分析手段对其进行了验证；研究结果表明，不同氧化铅含量的高铅渣，在 700~1100℃ 温度范围内，均为固液两相共存区，析出的固相主要包括为长石系、橄榄石系、尖晶石类及单一氧化物。XRD 分析结果表明（见图 2-9），当炉渣 CaO/SiO$_2$ 为 0.40、FeO/SiO$_2$ 为 1.54 时，在 900~1100℃ 范围内体系析出的主要复杂相为尖晶石类、橄榄石型、硅钙石、Fe$_2$O$_3$、Fe$_3$O$_4$ 及长石（Pb，Ca）$_2$（Fe，Zn）Si$_2$O$_7$。

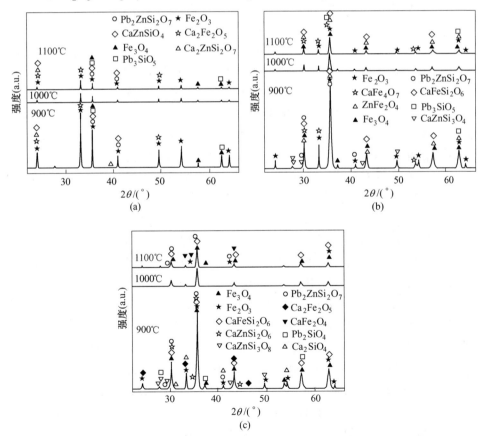

图 2-9　试样不同温度下快冷试样的 XRD 图谱[75]

(a) 2.7%PbO；(b) 21.5%PbO；(c) 43.1%PbO

汪金良等人[76]建立了 1000~1460℃温度范围内 $PbO\text{-}CaO\text{-}SiO_2\text{-}FeO\text{-}Fe_2O_3$ 渣系氧化铅活度热力学模型，计算了炉渣中氧化铅活度并绘制了等活度曲线，探讨了炉渣碱度、氧化铁比率和温度对氧化铅活度和氧化铅活度系数的影响，研究表明，氧化铅活度呈拉乌尔正偏差，且随着渣中氧化铅含量的增加而增大，但受温度的影响不明显；氧化铅活度系数随炉渣碱度的增加而增大。

刘海洋等人[77]采用 RDS-05 型炉渣熔点熔速测定仪及 RTW-10 型熔体物性综合测定仪测定了鼓风炉炼铅过程中 $FeO\text{-}SiO_2\text{-}CaO\text{-}ZnO\text{-}PbO$ 系炉渣的熔化温度、黏度、密度和表面张力，炉渣组成（质量分数）为 PbO 1.81%~4.97%，FeO 28.81%~29.64%，SiO_2 22.28%~25.00%，CaO 12.07%~17.43%，ZnO 13.24%~16.14%；研究发现，炉渣的熔化温度基本是合理的（1220~1230℃），处于鼓风炉缸的温度范围内；炉渣的黏度较大，均大于 2Pa·s，比较黏稠，渣流动性较差，不利于熔炼过程的进行；同时炉渣的表面张力和密度都较高，不利于金属铅与渣的沉降分离。

王吉坤等人[78]采用水浸法对富铅渣的密度进行测量，结果发现，富铅渣的实体密度和真实密度均随着渣中氧化铅含量的降低而减小；同时还考察了氧化铅含量对富铅渣软化温度的影响，结果表明，富铅渣的软化温度处在 900~1000℃ 范围内，随着渣中氧化铅含量的增大其初始软化温度略有降低。

朱昌乐[79]对鼓风炉炼粗铅渣型（$FeO\text{-}SiO_2\text{-}CaO\text{-}ZnO$ 系）的选择进行了研究，指出随着渣中氧化钙含量的增大，炉渣的密度呈减小的趋势，而炉渣的熔化温度呈逐渐增大的趋势；炉渣中二氧化硅含量的增加，有利于减小炉渣的密度，但会生成具有网状结构的 Si—O 聚合体，增大炉渣的黏度，不利于熔炼过程进行；增加氧化亚铁在炉渣中的含量，可增大炉渣的密度，降低熔渣的熔化温度；工业生产中合理渣型为：当氧化锌含量（质量分数）在 10%~15% 时，氧化亚铁含量（质量分数）控制在 38.7%~39.2%，氧化钙含量（质量分数）控制在 12.3%~14.2%，二氧化硅含量（质量分数）控制在 23.4%~27.0%。

罗凌艳等人[80]根据富铅渣的相关性质，根据实际生产经验，得出鼓风炉熔炼过程中合理的渣型为：$Fe/SiO_2 = 0.95~1.05$，$CaO/SiO_2 = 0.75~0.8$，此时渣组成（质量分数）为 Fe 20%~22%，SiO_2 19%~21%，CaO 14%~16%；在此渣型条件下，可提高渣中金属铅的回收率，使渣含铅降低至 3.0% 以下。王辉[81]针对铅鼓风炉渣中铅的损失形式进行了探讨，提出了降低渣含铅的具体措施，明确了熔炼过程合理渣型为：$CaO/SiO_2 = 1$，$(Fe+CaO)/SiO_2 = 2.3$，此时渣组成（质量分数）为 Fe 22%~25%，SiO_2 20%~22%，CaO 20%~22%。

李清[82]对铅鼓风炉炉渣的性质及渣型的选择进行了探讨，研究指出，炉渣的熔化温度必须适合熔炼过程的要求，铅炉渣的熔化温度通常不低于 1050℃，铅炉渣的黏度在 1200℃ 时通常为 0.5Pa·s，铅炉渣的密度通常控制在 3.3~

$3.6g/cm^3$ 范围内；同时将工业实际生产中的炉渣渣型分为三类：高铁渣 FeO 35%~38%，SiO_2 26%~30%，CaO 16%~18%；高钙渣 FeO 26%~30%，SiO_2 22%~26%，CaO 18%~20%；高硅渣 FeO 25%~30%，SiO_2 28%~30%，CaO 12%~15%；在工业实际生产中配料应根据炉渣和原料的特征选择适合的炉渣组成进行。

欧阳坤等人[83]通过理论分析及工业生产数据的统计，研究了不同炉渣组成的物理化学性质，根据不同工艺条件，得出底吹炉炼铅过程炉渣的合理渣型为：炉渣 FeO/SiO_2 控制在 1.8~2.4，CaO/SiO_2 控制在 0.4~0.7。

因为废旧电路板中有大量 Fe、Ca、Si、Al 等元素，这些元素的存在会对熔炼过程造成极大的影响。$FeO-CaO-SiO_2$、$SiO_2-CaO-Al_2O_3$、$SiO_2-FeO-Al_2O_3$ 等三元渣型都有各自的局限性，较难合理地控制废旧电路板的熔炼过程。$FeO-SiO_2-CaO-Al_2O_3$ 渣型能较好地满足这类复杂的原料，但目前对 $FeO-SiO_2-CaO-Al_2O_3$ 渣型回收废旧电路板的研究较少，因此有必要对其展开基础理论研究，为后续的实验提供理论支持。

2.8 电子废弃物回收技术发展趋势

对比各种回收方法，机械处理法分离的效果差，未能达到循环利用的要求，其往往作为其他回收技术的前处理部分。湿法冶金回收技术难以大规模处理废旧电路板，对浸出剂的要求高，较难实现大规模应用，三废产生量巨大，极易污染环境，因此我国较少使用湿法回收技术处理废旧电路板。生物冶金技术虽然能耗小，不易污染环境并且生产设备要求低，但生物冶金耗时长，技术尚未完善，其在实际应用较少。其他回收技术往往对生产设备要求极高，操作复杂，难以实现大规模生产，如等离子体熔融气化技术、超临界技术等。废旧电路板的结构成分复杂，含有各类金属与有机物，湿法冶金与机械处理等方式难以处理这类复杂的原料。火法冶金技术具有处理量大，综合处理能力强，处理过程短等优势，火法冶金工艺在电子废弃物的回收处理中应用广泛，现在电子废弃物处理公司大多使用的是火法冶金技术，其应用前景也最为广泛。

我国电子废料回收处理公司分布松散，缺乏系统的管理，还没有形成完整系统的回收体系。各地专业处理公司处理的废旧电路板质量类型不一，原料供给不足，单纯的处理废旧电路板难以形成持续经济的生产链。通过协同熔炼来回收废旧电路板，将废旧电路板与其他一些冶金生产固废或电子垃圾进行协同熔炼，可以很好地解决原料问题，还可以回收其他工业固废。协同熔炼在工业应用上具有巨大优势，由于其原料多为废料、精炼渣等工业废料，因此该工艺所耗成本低，实践性高，废旧电路板本身可提供该熔炼过程所需的大部分热能，大大降低了能耗。随着清洁生产的要求，协同熔炼将成为废旧电路板回收处理的重要途径，由于处理量大、能耗低等特点，该工艺也将拥有巨大的工业应用前景。

参 考 文 献

[1] 陈斌. 废旧电路板金属资源分级分离回收及过程控制研究 [D]. 合肥：中国科学技术大学，2020.

[2] 李斌. 废旧电路板中金属和非金属材料的界面分选工艺研究 [D]. 兰州：兰州理工大学，2020.

[3] SUM E Y L. The recovery of metals from electronic scrap [J]. JOM, 1991, 43 (4)：53-61.

[4] DUAN H, HOU K, LI J, et al. Examining the technology acceptance for dismantling of waste printed circuit boards in light of recycling and environmental concerns [J]. Journal of Environmental Management, 2011, 92 (3)：392-399.

[5] CHEN M, WANG J, CHEN H, et al. Electronic waste disassembly with industrial waste heat [J]. Environmental Science & Technology, 2013, 47 (21)：12409-12416.

[6] HE C, JIN Z, GU R, et al. Automatic disassembly and recovery device for mobile phone circuit board CPU based on machine vision [C] //Journal of Physics：Conference Series. IOP Publishing, 2020, 1684 (1)：012137.

[7] 何俊，陈咏琦，何家裕. 废旧电子产品自动拆解回收装置的设计 [J]. 科技与创新，2019，3：126-127.

[8] KAYA M. Recovery of metals and nonmetals from waste printed circuit boards (PCBs) by physical recycling techniques [J]. Waste Management, 2019, 57：35-57.

[9] GUO C, WANG H, LIANG W, et al. Liberation characteristic and physical separation of printed circuit board (PCB) [J]. Waste Management, 2011, 31 (10)：2161-2166.

[10] 夏伟军，刘灵，丘令华，等. 废弃 PCB 回收处理技术研究进展 [J]. 广东化工，2012，39 (10)：187-188.

[11] OLUOKUN O O, OTUNNIYI I O. Chemical conditioning for wet magnetic separation of printed circuit board dust using octyl phenol ethoxylate [J]. Elsevier B. V. , 2020, 240：20-25.

[12] DAS A, VIDYADHAR A, MEHROTRA S P. A novel flowsheet for the recovery of metal values from waste printed circuit boards [J]. Resources, Conservation and Recycling, 2009, 53 (8)：464-469.

[13] 马国军，刘洋，苏伟厚，等. 采用磁选和重选回收废旧电路板中的金属 [J]. 武汉科技大学学报，2009，32 (3)：296-299.

[14] ZHANG S, FORSSBERG E. Optimization of electrodynamic separation for metals recovery from electronic scrap [J]. Resources, Conservation and Recycling, 1998, 22 (3/4)：143-162.

[15] 杨帆，张蕾蕾，李瑞雪. 电子垃圾资源回用工艺现状 [J]. 中国科技博览，2017，26：397-398.

[16] 杨春刚，戈保梁，李飞，等. 废旧印刷线路板的再资源化技术及新进展 [J]. 矿产综合利用，2016，5：6-9.

［17］ GENTILE P, WILCOCK C J, MILLER C A, et al. Process optimisation to control the physico-chemical characteristics of biomimetic nanoscale hydroxyapatites prepared using wet chemical precipitation ［J］. Materials, 2015, 8 (5): 2297-2310.

［18］ 张航, 王佐仑, 丁洁, 等. 废旧电路板的回收研究进展 ［J］. 山东化工, 2014, 9: 54-55.

［19］ MESQUITA R A, SILVA R, MA J D. Chemical mapping and analysis of electronic components from waste PCB with focus on metal recovery ［J］. Process Safety & Environmental Protection, 2018, 120: 107-117.

［20］ HUAN L, EKSTEEN J, ORABY E. Hydrometallurgical recovery of metals from waste printed circuit boards (WPCBs): Current status and perspectives-A review ［J］. Resources, Conservation and Recycling, 2018, 138: 122-139.

［21］ 周雅雯, 黄继忠, 徐红胜. 我国废弃电器电子产品回收模式和处理处置技术 ［J］. 再生资源与循环经济, 2018, 6: 16-20.

［22］ 杨显万, 邱定蕃. 湿法冶金 ［M］. 北京: 冶金工业出版社, 2011.

［23］ 陈家镛, 杨守志, 柯家骏, 等. 湿法冶金的研究与发展 ［M］. 北京: 冶金工业出版社, 1998.

［24］ JADHAV U, HOCHENG H. Hydrometallurgical Recovery of Metals from Large Printed Circuit Board Pieces ［J］. Scientific Reports, 2015, 5: 1-9.

［25］ 李桂春, 赵登起, 康华, 等. 用废旧电路板酸浸-电沉积法回收金属铜 ［J］. 黑龙江科技学院学报, 2013, 23 (2): 135-138.

［26］ 王龙, 薛娜, 贾玉镯, 等. 氨浸工艺从废弃线路板中回收铜的试验研究 ［J］. 矿产综合利用, 2019, 3: 198-202.

［27］ WANG Z, GUO S, YE C. Leaching of copper from metal powders mechanically separated from waste printed circuit boards in chloride media using hydrogen peroxide as oxidant ［J］. Procedia Environmental Sciences, 2016, 31: 917-924.

［28］ YANG X, MOATS M S, MILLER J D. Gold dissolution in acidic thiourea and thiocyanate solutions ［J］. Electrochimica Acta, 2010, 55 (11): 3643-3649.

［29］ ZHU P, FAN Z Y, LIN J, et al. Enhancement of leaching copper by electro-oxidation from metal powders of waste printed circuit board ［J］. Journal of Hazardous Materials, 2009, 166 (2/3): 746-750.

［30］ 马立文, 董海刚, 席晓丽, 等. 废旧印刷线路板两步浸出有价金属 ［J］. 北京工业大学学报, 2015, 41 (5): 783-788.

［31］ KOYAMA K, TANAKA M, LEE J C. Copper Leaching Behavior from Waste Printed Circuit Board in Ammoniacal Alkaline Solution ［J］. Materials Transactions, 2006, 47 (7): 1788-1792.

［32］ 杨乐. 废旧电路板中湿法冶金回收铜并制备超细铜粉的研究 ［D］. 镇江: 江苏科技大学, 2016.

［33］ 王红燕. 废电路板中铜的清洁浸提及高效资源化利用 ［D］. 济南: 山东大学, 2011.

［34］ KAYA M. Recovery of metals from electronic waste by physical and chemical recycling processes

[J]. Waste Management, 2016, 57: 939-950.

[35] 钟佳, 于娜, 赵菲菲. 浅谈废旧电路板中非金属材料的处理与回收 [J]. 智富时代, 2015, 6: 229.

[36] 王欢益, 马增益, 马攀, 等. 废线路板流化床焚烧过程中溴化氢的生成与脱除 [J]. 能源工程, 2011, 2: 45-49.

[37] 郭键柄, 杨冬伟, 丁志广. 顶吹炉处理废旧印刷电路板的试验研究 [J]. 有色金属 (冶炼部分), 2019, 6: 19-23.

[38] XIU F R, ZHANG F S. Materials recovery from waste printed circuit boards by supercritical methanol [J]. Journal of Hazardous Materials, 2010, 178 (1/2/3): 628-634.

[39] ROMERA E, GONZALEZ F, BALLESTER A, et al. Biosorption with algae: A statistical review [J]. Crit Rev Biotechnol, 2006, 26 (4): 223-235.

[40] FUNARI V, MÄKINN J, SALMINEN J, et al. Metal removal from Municipal Solid Waste Incineration fly ash: A comparison between chemical leaching and bioleaching [J]. Waste Management, 2017, 60: 397-406.

[41] ZHOU G, ZHANG H, YANG W, et al. Bioleaching assisted foam fractionation for recovery of gold from the printed circuit boards of discarded cellphone [J]. Waste Management, 2020, 101: 200-209.

[42] FARAMARZI M A, STAGARS M, PENSINI E, et al. Metal solubilization from metal-containing solid materials by cyanogenic Chromobacterium violaceum [J]. Journal of Biotechnology, 2004, 113 (1/2/3): 321-326.

[43] 周培国, 郑正, 彭晓成, 等. 氧化亚铁硫杆菌浸出线路板中铜的研究 [J]. 环境工程学报, 2006, 7 (12): 126-128.

[44] ROMERA E, GONZALEZ F, BALLESTER A, et al. Biosorption with algae: A statistical review [J]. Critical Reviews in Biotechnology, 2006, 26 (4): 223-235.

[45] 邱敬贤, 何曦, 彭芬, 等. 等离子体技术在环保领域的研究进展 [J]. 中国环保产业, 2020, 10: 63-67.

[46] 甘露. 危险废物等离子体处理技术研究 [J]. 江西建材, 2019, 12: 15, 17.

[47] RUJ B, GHOSH S. Technological aspects for thermal plasma treatment of municipal solid waste—A review [J]. Fuel Processing Technology, 2014, 126: 298-308.

[48] 仲鸣慎. 直流电解浸出废弃线路板中金和铜的研究 [D]. 上海: 上海第二工业大学, 2019.

[49] 李宏鹏. 低温焙烧-高温熔炼法回收废旧电路板中有价金属 [D]. 马鞍山: 安徽工业大学, 2016.

[50] 敖俊. 电子废弃物资源化处理技术的应用与进展 [J]. 有色冶金设计与研究, 2018, 39 (6): 51-54.

[51] 李冲, 徐小锋, 黎敏, 等. 侧吹熔池熔炼废旧电路板工艺及装置 [J]. 有色金属 (冶炼部分), 2019, 9: 87-91.

[52] 保自坤, 陈学刚, 庄福礼, 等. "富氧顶吹熔炼-侧吹还原熔炼直接炼铅工艺" 搭配处理低

品位铅锌共生氧化矿生产实践 [J]. 中国有色冶金, 2014, 43 (6): 5-9.

[53] 刘斌. 离析锡渣搭配氧化铅矿鼓风炉熔炼 [J]. 有色冶炼, 1997 (4): 10-13.

[54] 刘重伟. 废旧电路板热分解动力学及协同熔炼试验研究 [D]. 赣州: 江西理工大学, 2014.

[55] 张忠堂, 戴曦. FeO-SiO$_2$-CaO-ZnO-5%Al$_2$O$_3$渣系熔化温度的研究 [J]. 稀有金属, 2019, 43 (2): 170-178.

[56] 张江龙. 富氧熔炼底吹炉渣含铜的控制 [C] //中国有色金属学会会议论文集, 2015.

[57] 李东波, 杨堃, 刘式刚. 艾萨炉炼铜熔体中Fe$_3$O$_4$的影响及其控制 [J]. 有色金属 (冶炼部分), 2014, 2: 9-12.

[58] 屈经文, 杨培周. CaO-FeO-SiO$_2$系渣粘度的研究 [J]. 有色金属 (冶炼部分), 1981, 4: 52-55.

[59] SHIRAISHI Y, IKEDA K, TAMURA A, et al. On the Viscosity and Density of the Molten FeO-SiO$_2$ System [J]. Transactions of the Japan Institute of Metals, 1978, 19 (5): 264-274.

[60] JI F Z, SICHEN D, SEETHARAMAN S. Experimental studies of the viscosities in the CaO-FenO-SiO$_2$ slags [J]. Metallurgical and Materials Transactions B, 1997, 28 (5): 827-834.

[61] LEE Y E, GASKELL D R. The Densities and Structures of Melts in the system CaO-FeO-SiO$_2$ [J]. Metallurgical Transactions, 1974, 5: 853-860.

[62] PAL U, DEBROY T, SIMKOVICH G. Electrical conductivity of PbO-SiO$_2$ liquids containing Pb precipitates [J]. Canadian Metallurgical Quarterly, 1984, 23 (3): 295-302.

[63] BARATI M, COLEY K S. Electrical and electronic conductivity of CaO-SiO$_2$-FeO$_x$ slags at various oxygen potentials: Part Ⅰ. Experimental results [J]. Metallurgical and Materials Transactions B, 2006, 37 (1): 41-49.

[64] BARATI M, COLEY K S. Electrical and electronic conductivity of CaO-SiO$_2$-FeO$_x$ slags at various oxygen potentials: Part Ⅱ. Mechanism and a model of electronic conduction [J]. Metallurgical and Materials Transactions B, 2006, 37 (1): 51-60.

[65] VADÁSZ P, HAVLÍK M, DANĚK V. Density and surface tension of calcium-ferritic slags I. The systems CaO-FeO-Fe$_2$O$_3$-SiO$_2$ and CaO-FeO-Fe$_2$O$_3$-Al$_2$O$_3$ [J]. Canadian Metallurgical Quarterly, 2000, 39 (2): 143-152.

[66] SKUPIEN D, GASKELL D R. The surface tensions and foaming behavior of melts in the system CaO-FeO-SiO$_2$ [J]. Metallurgical & Materials Transactions B, 2000, 31 (5): 921-925.

[67] WU C, CHENG G, MA Q. Calculating models on the surface tension of CaO-FeO-SiO$_2$ molten slags [J]. Research of Materials Science, 2014, 3 (1): 10-16.

[68] 尹飞, 王成彦, 王忠, 等. 铅富氧闪速熔炼技术基础研究 [J]. 有色金属 (冶炼部分), 2012 (4): 11-14.

[69] 胡云生. 高钙渣炼铅的经济效益简析 [J]. 有色金属 (冶炼部分), 1986 (1): 12-13.

[70] 易坚, 彭容秋. 关于QSL炼铅法的渣型选择 [J]. 有色金属 (冶炼部分), 1988 (5): 26-29.

[71] 顾鹤林, 宋兴诚. 顶吹炉一炉三段直接炼铅工艺的渣型选择与控制 [J]. 有色冶金设计

与研究，2013（6）：23-25.

[72] 崔雅茹，李凯茂，何江山，等．液态高铅渣还原过程炉渣熔化温度的研究［J］. 稀有金属，2013，37（3）：473-478.

[73] 高运明，王少博，杨映斌．FeO 含量对 SiO_2-CaO-Al_2O_3-MgO(-FeO) 酸性渣熔化温度的影响［J］．武汉科技大学学报，2013，36（3）：161-165.

[74] CHUANG H C, HWANG W S, LIU S H. Effects of basicity and FeO content on the softening and melting temperatures of the CaO-SiO_2-MgO-Al_2O_3 slag system［J］. Materials Transactions，2009，50（6）：1448-1456.

[75] 崔雅茹，郭子亮，陈傲黎，等．高铅渣直接还原过程的 PbO-FeO_x-CaO-SiO_2-ZnO 多元系相平衡［J］．稀有金属，2016，40（9）：928-933.

[76] 汪金良，温小椿，张传福．PbO-CaO-SiO_2-FeO-Fe_2O_3 渣系氧化铅活度热力学模型［J］．中国有色金属学报（英文版），2015（5）：1633-1639.

[77] 刘海洋，王维，姚怀．"豫光金铅"鼓风炉炼铅渣性能分析研究［J］．科技信息（学术版），2008（30）：329-331.

[78] 王吉坤，赵宝军，杨钢．富铅渣的性质及其还原机理［J］．有色金属（冶炼部分），2004（6）：5-8.

[79] 朱昌乐．鼓风炉炼粗铅渣型选择［J］．矿产综合利用，1996（4）：48.

[80] 罗凌艳，陈科彤，高珺．降低炼铅鼓风炉渣铅含量的探索与实践［J］．矿冶，2014，23（6）：40-42.

[81] 王辉．降低铅鼓风炉渣含铅的途径［J］．有色金属（冶炼部分），1991（3）：4-6.

[82] 李清．铅鼓风炉炉渣的性质及渣型的选择［J］．矿产保护与利用，2000（3）：36-38.

[83] 欧阳坤，雷玉彪．浅析底吹炉炼铅工艺渣型选择［J］．有色矿冶，2012，28（3）：36-38.

3 实验装置及测试方法

3.1 实验原料

自 20 世纪 60 年代以来，随着世界科技、材料发展和制造工艺的进步，人们的生活方式发生了改变，电子产品逐渐进入各个领域。由于信息技术的更新进步，大量的电子产品被淘汰废弃，各类废弃电子产品的增长速度已经远超其他垃圾[1]。废旧电路板（waste of printed circuit board，WPCB）是应用在各类电子产品中的重要构件，占电子废料总量的 4%~7%[2-3]。据估计，我国 2030 年的印刷电路板的产量将高达 280.73 万吨，29.92 万吨的印刷电路板会因各种原因而被报废淘汰[4]，废旧电路板已经造成了极大的困扰。

废旧电路板富含各种有价金属与有机物，是电子废料中最具回收价值的部分[5]。同时废旧电路板中的有机物和重金属也容易对环境造成污染和破坏[6]。因而，如何清洁、高效地达到废旧电路板的资源化利用是目前主要的研究热点[7]。

废旧电路板是指被淘汰废弃不具有使用价值的印刷电路板，其通常由各种电器和电子设备以及印刷电路板生产加工过程中产生[8]。废旧电路板中各种可回收有价金属众多，主要金属含量见表 3-1。废旧电路板中的大部分元素可以通过相应的技术手段加以回收利用，使得这些材料成为可以循环利用的资源[9]。废旧电路板中部分金属含量远高于一般精矿，目前电子废弃物的回收工艺主要针对其中的金属铜和贵金属[10]。此外，废旧电路板中的有机物也能被加工成各类的热分解油加以利用，也具有很大回收意义。废旧电路板的资源化处理既要达到资源循环利用的目的，又要避免造成污染[11]。

表 3-1 WPCB 典型成分组成（质量分数）　　　　　　（%）

元　　素	Cu	Fe	Al	Sn	Pb
含　　量	6~27	1.2~8	2.0~7.2	1.0~5.6	1.0~4.2
元　　素	Ni	$Au/g \cdot t^{-1}$	$Ag/g \cdot t^{-1}$	$Pd/g \cdot t^{-1}$	
含　　量	0.3~5.4	250~2050	110~4500	50~4000	

实验采用的废旧电路板为各类手机主板中拆解所得，其外观如图 3-1（a）所示，从图中可知，废旧电路板主要结构为合成树脂和玻璃纤维组成的基板及金属元器件。对废旧电路板进行破碎后取样进行 ICP 及 XRD 检测，ICP 结果见表 3-2，XRD 图谱如图 3-1（b）所示。从检测结果可知，废旧电路板中 Cu 含量（质量分数）最高，为 37.75%，其后依次为 Fe 17.88%、Sn 3.28%、Ni 3.23%。由于电路板中存在玻璃纤维，通过检测结果可知，该废旧电路板还含有 SiO_2、CaO、Al_2O_3 等物质，从 XRD 图谱也可知，废旧电路板中主要物相为 Cu、Fe、Sn、Ni、SiO_2、Al_2O_3。

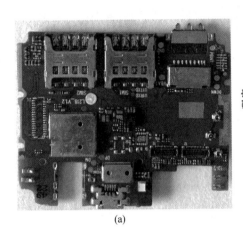
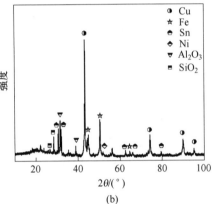

(a)　　　　　　　　　　　(b)

图 3-1　实验所用废旧电路板

（a）废旧电路板外观；（b）废旧电路板 XRD 图谱

表 3-2　废旧电路板成分分析（质量分数）　　　　（%）

成分	Cu	Fe	Sn	Ni	Pb	Bi
含量	37.75	17.88	3.28	3.23	0.18	0.01
成分	SiO_2	Al_2O_3	CaO	Au	Ag	
含量	9.45	2.90	1.98	0.02	0.19	

将某冶炼厂的水淬渣作为本书实验所需的主要造渣剂。其外观如图 3-2（a）所示。对水淬渣进行充分搅拌后取样进行 ICP 和 XRD 检测，其 ICP 检测结果见表 3-3，XRD 图谱如图 3-2（b）所示，结合 ICP 结果及 XRD 图谱可知，水淬渣中含有较高的 SiO_2、Al_2O_3 和 CaO，可作熔炼试验的造渣剂。

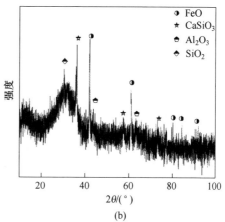

图 3-2　实验所用水淬渣

（a）水淬渣外观；（b）水淬渣 XRD 图谱

表 3-3　水淬渣成分分析（质量分数）　　　　　　　　（%）

成分	Cu	Fe	Sn	Ni	Pb
含量	0.19	33.08	0.11	0.02	0.13
成分	Si	Al	Ca	Mg	Zn
含量	27.88	8.35	8.98	2.03	2.03

3.2　实验试剂及装置

3.2.1　实验试剂

实验主要用到表 3-4 中的药品。

表 3-4　实验主要化学试剂

名称	纯度	化学式	生产厂家
二氧化硅	分析纯	SiO_2	国药集团化学试剂有限公司
氧化钙	分析纯	CaO	泰康科学有限公司
氧化亚铁	分析纯	FeO	西陇科学股份有限公司
蒸馏水	—	H_2O	实验室现场制备
酒精	分析纯	C_2H_5OH	亚泰联合化工有限公司

3.2.2 实验设备

实验主要用到以下仪器,见表 3-5。

表 3-5 实验主要仪器

设备名称	型 号	生产厂家
电子秤	JA1003N	上海市实验仪器总厂
电子分析天平	BT224S	上海市实验仪器总厂
电磁式矿石制样粉碎机	DF-4	绍兴伟晨仪器有限公司
高速旋转破碎机	YF500	浙江温州永历机械公司
密闭式振动磨样机	ZM-100X2A	科锐特实验设备有限公司
标准式振筛机	YS7114	浙江匠心客科学仪器有限公司
聚四氟乙烯烧杯	50mL、500mL	安徽杰克欧德实验室设备有限公司
艾科浦超纯水系统	AWL-1002-OP	重庆台浦科技有限公司
集热式磁力搅拌器	DF-1	江苏金坛市城东光芒仪器厂
ICP-AES 光谱仪	ICAP 7000	江苏天瑞仪器股份有限公司
鼓风干燥箱	DHG-9145A	常州市亿能实验仪器厂
超声波清洗器	KQ2200	昆山市超声仪器有限公司
刚玉坩埚	100mL	北京华夏久久陶瓷厂
手动移液器	G49411G	德国艾本德股份公司
烧杯	250mL、500mL	上海市实验仪器总厂
量筒	50mL、250mL	上海市实验仪器总厂
容量瓶	50mL、250mL、1000mL	上海市实验仪器总厂
多用通风橱	FGG1500	武汉科贝科技有限公司

3.3 动力学实验

3.3.1 热分析技术

热分析是检测物质物理性质与温度间关系的方法,其在有机物分析研究的应用较为广泛,常被用于研究有机物的热化学性质[12]。随着热分析技术的深入研究,其在热分解机理、热分解机理方面的应用也越来越多。废旧电路板含有较多的有机物,它的热分解过程可以用热重分析仪测定的样品的连续质量损失特征来表示[13-15]。通过热重曲线能得出物质随温度的质量变化与损失速率,并能够得出物质热分解的温度区间。

3.3.2　热分析动力学

根据非等温动力学理论[16-19]，在一定升温条件下，固相物质的热分解速率方程可表示为：

$$\frac{d\alpha}{dt} = k(T)f(c) \tag{3-1}$$

$$\frac{d\alpha}{dT} = \frac{1}{\beta}k(T)f(\alpha) \tag{3-2}$$

式中，β 为升温速率；α 为转化百分率；$d\alpha/dt$ 为反应的转化速率；$k(T)$ 为速率常数的温度关系式；$f(\alpha)$ 为反应机理函数。

反应速率常数遵循 Arrhenius 定律

$$k(T) = A\exp\left(-\frac{E}{RT}\right) \tag{3-3}$$

式中，A 为指前因子；E 为反应活化能；R 为摩尔气体常量；T 为热力学温度。

将式（3-3）代入式（3-2）可得到

$$\frac{d\alpha}{dT} = \frac{A}{\beta}\exp\left(-\frac{E}{RT}\right)f(\alpha) \tag{3-4}$$

对于简单反应，$f(\alpha)$ 可取 $f(\alpha) = (1-\alpha)^n$，所以

$$\frac{d\alpha}{dt} = kf(\alpha) = k_0\exp\left(-\frac{E}{RT}\right)(1-\alpha)^n \tag{3-5}$$

整理积分得

$$g(\alpha) = \int_0^\alpha \frac{d\alpha}{f(\alpha)} \approx \frac{k_0}{\beta}\int_0^T \exp\left(-\frac{E}{RT}\right)dT \tag{3-6}$$

本书采用 Kissinger-Akah-Sunose（KAS）法、Friedman-Reich-Levi（FRL）法确定整个反应的活化能，废旧电路板的热分解机理函数可以通过 Coats-Redfern 法求取。

KAS 模型法基于以下方程：

$$\ln\frac{\beta}{T_\alpha} = \ln\frac{AR}{E_\alpha G(\alpha)} - \frac{E}{RT_\alpha} \tag{3-7}$$

KAS 法可以通过 $\ln\frac{\beta}{T_\alpha} - \frac{1}{T}$ 的线性关系来求得不同转化率时的活化能 E_α。

FRL 模型基于以下方程：

$$\ln\frac{\beta d\alpha}{dT} = \ln[Af(\alpha)] - \frac{E}{RT} \tag{3-8}$$

由 $\ln\dfrac{\beta d\alpha}{dT}$ 对 $\dfrac{1}{T}$ 作图，拟合直线的斜率和截距分别代表反应的 E 和 A。

Coats-Redfern 法

将式 (3-6) 积分变化可得：

$$\ln\frac{G(\alpha)}{T^2} = \ln\left[\frac{AR}{\beta E_\alpha}\left(1 - \frac{2RT}{E_\alpha}\right)\right] - \frac{E}{RT} \tag{3-9}$$

对于大部分的反应而言，$\dfrac{E}{RT} \gg 1$，$1 - \dfrac{RT}{E} \approx 1$，所以在升温过程中，$\ln\dfrac{\beta d\alpha}{dT}$ 对 $\dfrac{1}{T}$ 作图所得直线的斜率为 $-\dfrac{E}{R}$。

目前使用较多的反应机理函数见表 3-6。

表 3-6 常用的动力学机理函数

序号	机 理	$G(\alpha)$	$f(\alpha)$
1	一维扩散	α^2	$1/2\alpha^{-1}$
2	二维扩散	$\alpha + (1-\alpha)\ln(1-\alpha)$	$[-\ln(1-\alpha)]^{-1}$
3	二维扩散	$[1-(1-\alpha)^{1/2}]^{1/2}$	$4(1-\alpha)^{1/2}[1-(1-\alpha)^{1/2}]^{1/2}$
4	二维扩散	$[1-(1-\alpha)^{1/2}]^2$	$(1-\alpha)^{1/2}[1-(1-\alpha)^{1/2}]^{-1}$
5	三维扩散	$[1-(1-\alpha)^{1/3}]^{1/2}$	$6(1-\alpha)^{2/3}[1-(1-\alpha)^{1/3}]^{1/2}$
6	三维扩散	$[1-(1-\alpha)^{1/3}]^2$	$3/2(1-\alpha)^{2/3}[1-(1-\alpha)^{1/3}]^{-1}$
7	三维扩散	$1 - 2/3\alpha - (1-\alpha)^{2/3}$	$3/2[(1-\alpha)^{-1/3}-1]^{-1}$
8	三维扩散	$[(1+\alpha)^{1/3}-1]^2$	$3/2(1+\alpha)^{2/3}[(1+\alpha)^{1/3}-1]^{-1}$
9	三维扩散	$[(1-\alpha)^{-1/3}-1]^2$	$3/2(1-\alpha)^{4/3}[(1-\alpha)^{-1/3}-1]^{-1}$
10	随机成核和随后生长	$[-\ln(1-\alpha)]^{1/4}$	$4(1-\alpha)[-\ln(1-\alpha)]^{3/4}$
11	随机成核和随后生长	$[-\ln(1-\alpha)]^{1/3}$	$3(1-\alpha)[-\ln(1-\alpha)]^{2/3}$
12	随机成核和随后生长	$[-\ln(1-\alpha)]^{2/5}$	$5/2(1-\alpha)[-\ln(1-\alpha)]^{3/5}$
13	随机成核和随后生长	$[-\ln(1-\alpha)]^{1/2}$	$2(1-\alpha)[-\ln(1-\alpha)]^{1/2}$
14	随机成核和随后生长	$[-\ln(1-\alpha)]^{2/3}$	$3/2(1-\alpha)[-\ln(1-\alpha)]^{1/3}$
15	随机成核和随后生长	$[-\ln(1-\alpha)]^{3/4}$	$4/3(1-\alpha)[-\ln(1-\alpha)]^{1/4}$
16	随机成核和随后生长	$-\ln(1-\alpha)$	$1-\alpha$
17	随机成核和随后生长	$[-\ln(1-\alpha)]^{3/2}$	$2/3(1-\alpha)[-\ln(1-\alpha)]^{-1/2}$
18	随机成核和随后生长	$[-\ln(1-\alpha)]^2$	$1/2(1-\alpha)[-\ln(1-\alpha)]^{-1}$
19	随机成核和随后生长	$[-\ln(1-\alpha)]^3$	$1/3(1-\alpha)[-\ln(1-\alpha)]^{-2}$
20	随机成核和随后生长	$[-\ln(1-\alpha)]^4$	$1/4(1-\alpha)[-\ln(1-\alpha)]^{-3}$

序号	机　理	$G(\alpha)$	$f(\alpha)$
21	自催化反应，枝状成核	$\ln[\alpha/(1-\alpha)]$	$\alpha(1-\alpha)$
22	幂函数法则	$\alpha^{1/4}$	$4\alpha^{3/4}$
23	幂函数法则	$\alpha^{1/3}$	$3\alpha^{2/3}$
24	幂函数法则	$\alpha^{1/2}$	$2\alpha^{1/2}$
25	相边界反应（一维）	$1-(1-\alpha)^{1/1}=\alpha$	1
26	幂函数法则	$\alpha^{3/2}$	$2/3\alpha^{-1/2}$
27	幂函数法则	α^2	$1/2\alpha^{-1}$
28	反应级数（$n=1/4$）	$1-(1-\alpha)^{1/4}$	$4(1-\alpha)^{3/4}$
29	相边界反应（球形对称）	$1-(1-\alpha)^{1/3}$	$3(1-\alpha)^{2/3}$
30	$n=3$（三维）	$3[1-(1-\alpha)^{1/3}]$	$(1-\alpha)^{2/3}$
31	相边界反应（圆柱形对称）	$1-(1-\alpha)^{1/2}$	$2(1-\alpha)^{1/2}$
32	$n=2$（二维）	$2[1-(1-\alpha)^{1/2}]$	$(1-\alpha)^{1/2}$
33	反应级数（$n=2$）	$1-(1-\alpha)^2$	$1/2(1-\alpha)^{-1}$
34	反应级数（$n=3$）	$1-(1-\alpha)^3$	$1/3(1-\alpha)^{-2}$
35	反应级数（$n=4$）	$1-(1-\alpha)^4$	$1/4(1-\alpha)^{-3}$
36	化学反应	$(1-\alpha)^{-1}$	$(1-\alpha)^2$
37	化学反应	$(1-\alpha)^{-1}-1$	$(1-\alpha)^2$
38	化学反应	$(1-\alpha)^{-1/2}$	$2(1-\alpha)^{3/2}$
39	指数法则（$n=1$）	$\ln\alpha$	α
40	指数法则（$n=2$）	$\ln\alpha^2$	$1/2\alpha$

3.3.3　高斯拟合分析

　　高斯拟合分析是利用高斯函数将原始数据曲线拟合成若干个高斯峰，用这些高斯峰来反映数据的变化情况，广泛用于谱信号分析与重构[20]，已经逐渐运用到复杂热解过程的计算。通过高斯拟合能将复杂的曲线分解为更为简单易于计算的高斯峰，在拟合过程中已经对各个高斯峰的峰位、起点、终点进行了求解，极大地方便了后续计算。并且高斯拟合的拟合效果好，能真实有效地反映原始数据的变化情况。高斯拟合原理如下所示：

　　设一组离散实验数据 (x_i, y_i)（$i=1, 2, \cdots, N$），可用高斯函数表示：

$$y_i = y_{\max}\exp\frac{-(x_i-x_{\max})^2}{s} \tag{3-10}$$

式中, y_{max} 为该峰的峰高; x_{max} 为位置; s 为宽度的 $1/2$。

对式 (3-10) 两边取自然对数可得:

$$\ln y_i = \ln y_{max} - \frac{-(x_i - x_{max})^2}{s} \tag{3-11}$$

$$\ln y_i = \left(\ln y_{max} - \frac{x_{max}^2}{s} \right) + 2\frac{x_i x_{max}}{s} - \frac{x_i^2}{s} \tag{3-12}$$

令

$$\ln y_i = a_i, \ \ \ln y_{max} - \frac{x_{max}^2}{s} = b_0, \ \ \frac{x_i x_{max}}{s} = b_1, \ \ \frac{1}{s} = b_2 \tag{3-13}$$

则化为二次多项式拟合函数:

$$a_i = b_0 + b_1 + b_2 = (1, \ x_i, \ x_i^2) \begin{bmatrix} b_0 \\ b_1 \\ b_2 \end{bmatrix} \tag{3-14}$$

并以矩阵形式表示如下:

$$\begin{bmatrix} z_1 \\ z_2 \\ \vdots \\ z_n \end{bmatrix} = \begin{bmatrix} 1 & x_1 & x_1^2 \\ \vdots & \vdots & \vdots \\ 1 & x_n & x_n^2 \end{bmatrix} \begin{bmatrix} b_1 \\ b_2 \\ b_3 \end{bmatrix} \tag{3-15}$$

简记为:

$$Z_{n \times 1} = X_{n \times 3} B_{3 \times 1} \tag{3-16}$$

根据最小二乘法能够求出矩阵 B 的解为:

$$B = (X^T X)^{-1} X^T Z \tag{3-17}$$

通过参数 y_{max}、x_{max}、s, 能够得到该组数据高斯拟合曲线。

对于完全重合的复杂反应, 其 $\frac{d\alpha}{dT}$ 曲线可以通过下面公式进行分峰拟合, 从而求得各个拟合反应的拟合函数[21]。

$$y = y_0 + \sum_{i=1}^{n} \frac{A_i}{\omega_i \sqrt{\pi/2}} \exp\left(-2\frac{x - x_{c_i}}{\omega_i^2} \right) \tag{3-18}$$

式中, $i = 1, 2, 3, \cdots$; y_0 为拟合峰的基线; A_i 为面积; ω_i 为半高宽; x_{c_i} 为横向位置。

3.3.4   热重实验

为研究废旧电路板的热分解动力学特征, 本书采用同步热分析仪 (德国耐驰 STA 449 F5 型) 对废旧电路板进行不同升温速率下的热分解失重分析, 设置升温速率为分别 2℃/min、5℃/min、8℃/min，实验温度范围为 35～1100℃，分别以高纯的氩气和氧气作为载气。

为了更好地测定废旧电路板热分解过程的产物，采用热重-红外联用仪分析和热重-质谱联用仪 5℃/min 升温速率下，废旧电路板从室温升高至 1100℃ 过程中的气体产物。并通过 XRF 和 XRD 检测热分解残渣中的元素含量。

3.4 协同熔炼试验设备及方法

3.4.1 协同熔炼理论分析方法

本书采用协同熔炼的方式回收废旧电路板和冶炼水淬渣中的有价金属。废旧电路板水淬渣中的 FeO、CaO、SiO_2 和 MgO 等物质可以作为熔炼过程的造渣剂，熔炼过程中通过吹氧氧化的方式除去废旧电路板中的 Fe、Al 等杂质金属，从而回收 Cu、Sn、Ni、Au 和 Ag 等有价金属。协同熔炼过程与其他再生铜的熔炼过程类似，可以借鉴其他再生铜熔炼过程的渣型。依据废旧电路板中成分含量，本书运用 $FeO-SiO_2-CaO-Al_2O_3-1.5\%MgO$ 渣系来进行协同熔炼实验研究。

通过 $FeO-SiO_2-CaO-Al_2O_3-1.5\%MgO$ 渣系回收废旧电路板，渣系的熔化温度及黏度是熔炼过程中必须考量的因素，其关系到熔炼过程炉渣和金属的分离的效果和熔炼成本。因此在实验之前有必要对 $FeO-SiO_2-CaO-Al_2O_3-1.5\%MgO$ 渣型的熔炼过程进行理论分析，研究各因素对熔炼行为的影响。本书采用 FactSage7.3 计算并探究炉渣成分对熔化温度和黏度的影响，来确定协同熔炼回收废旧电路板的温度和渣型范围，为后续熔炼实验提供必要的理论支持。

3.4.2 协同熔炼试验方法

试验中以 ZQL-S1P 型升降式钟罩电阻炉为熔炼炉，实验装置如图 3-3 所示。实验装置有三部分组成：电阻炉、控制柜、通气装置。该电阻炉炉膛尺寸为 $\phi385\times H450$，正常可工作到 1500℃。升温过程由控制柜设置程序控制，并通过通气装置控制反应气氛。

本书以废旧电路板和水淬渣为原料进行熔炼试验。为确保试验原料的均匀，废旧电路板和水淬渣都分别经过破碎混合均匀。熔炼过程造渣剂的主体为水淬渣，加以分析纯氧化钙和氧化硅粉末配成 Fe/SiO_2 质量比为 1.05，CaO/SiO_2 质量比为 0.55 的渣型。试验步骤如下所示：

（1）按渣型配比称取 200g 的废旧电路板粉末和 1500g 的配渣放入准备好的刚玉坩埚中。

（2）将装好物料的坩埚放进钟罩炉炉内，随后封闭炉膛，然后设定升温程

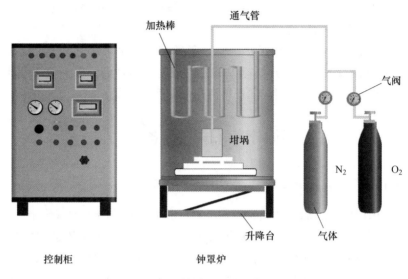

图 3-3　钟罩电阻炉示意图

序，使钟罩炉以 5℃/min 的升温速率升温至 1250℃，升温至 1250℃后保温熔化 1h。

待熔化时间结束后，保持炉内温度为 1250℃。用刚玉导管通入富氧气体氧化去除 Fe、Al 等杂质，通气时间为 1h。控制富氧气体出口压强为 0.2MPa，氧气浓度为 0.4L/min，富氧浓度为 30%。

（3）氧化结束后，熔体在 1250℃下静置 40min，是坩埚内金属与炉渣分离。

（4）静置时间结束后，钟罩炉停止加热，坩埚随炉降温至 800℃后取出骤冷。

（5）坩埚冷却至室温后将合金与炉渣分离。分别检测合金和炉渣中的成分含量。

（6）使用 ICP 检测合金样品和炉渣样品的成分含量，使用 SEM-EDS 分析合金样品和炉渣样品的元素含量和元素分布情况。

3.5　分　析　测　试

本试验采用综合热重分析仪对废旧电路板质量随温度的变化进行检测，其型号为德国耐驰 STA 449 F5。

试验采用电感耦合等离子体光谱发射仪（ICP）对合金和炉渣中的元素含量进行分析检测，其型号为 Agilent 7500cx。

试验采用 X 射线衍射仪（XRD）对合金和炉渣的晶型结构进行表征，其型号为 XD-6。

试验采用扫描电子显微镜-能谱分析仪（SEM-EDS）对炉渣和合金的形貌特征进行表征，其型号为 FEI-Prisma-E。

参 考 文 献

[1] SAHADAT M D, ULALA M Z F, HAMADANIL A L, et al. E-waste: A challenge for sustainable development [J]. Journal of Health & Pollution, 2015, 127: 65-69.

[2] WANG H D, ZHANG S H, LI B, et al. Recovery of waste printed circuit boards through pyrometallurgical processing: A review [J]. Resources, Conservation and Recycling, 2017, 126: 209-218.

[3] KIDDEE P, NAIDU R, WONG M H. Electronic waste management approaches: An overview [J]. Waste Management, 2013, 33 (5): 1237-1250.

[4] 郭学益, 严康, 张婧熙, 等. 典型废旧电路板中金属资源开采潜力分析 [J]. 中国有色金属学报, 2018, 28 (2): 365-376.

[5] CUCCHIELLA F, D'ADAMO I, ROSA P, et al. Automotive printed circuit boards recycling: An economic analysis [J]. Journal of Cleaner Production, 2016, 121: 130-141.

[6] YANG L, BAI J, WANG P, et al. Metal elements content and resource value analysis in different waste printed circuit board [J]. Environmental Engineering, 2015, 34: 45-48.

[7] 王昶, 徐尖, 姚海琳. 城市矿产理论研究综述 [J]. 资源科学, 2014, 36 (8): 1618-1625.

[8] WANG J, GUO J, XU Z. An environmentally friendly technology of disassembling electronic components from waste printed circuit boards [J]. Waste Management, 2016, 53: 218-224.

[9] NI H G, ZENG E Y. Mass emissions of pollutants from e-waste processed in China and human exposure assessment [J]. Global Risk-Based Management of Chemical Additives II. Springer Berlin Heidelberg, 2012, 7: 279-312.

[10] SUM E Y. The recovery of metals from electronic scrap [J]. Minerals Metals Mater, 2015, 43 (4): 53-61.

[11] 祁正栋, 连国党, 周小鸿, 等. 废旧电路板特性分析及金的湿法回收技术研究进展 [J]. 当代化工, 2020, 49 (8): 1798-1802.

[12] 邹涛, 赵瑾, 郭姝, 等. 浅谈国内热分析技术的发展与应用 [J]. 分析仪器, 2019, 6: 9-12.

[13] JCBV A, MAV B, CPF A. Thermal stability and decomposition mechanism of dicationic imidazolium-based ionic liquids with carboxylate anions [J]. Journal of Molecular Liquids, 2021, 330: 115618.

[14] RAMAJO B, BLANCO D, RIVERA N, et al. Long-term thermal stability of fatty acid anion-based ionic liquids [J]. Journal of Molecular Liquids, 2021, 328: 115492.

[15] CHEN Y, LIU J T, ZENG Q B, et al. Preparation of Eucommia ulmoides lignin-based high-performance biochar containing sulfonic group: Synergistic pyrolysis mechanism and tetracycline hydrochloride adsorption [J]. Bioresource Technology, 2021, 329: 124856.

[16] SONOBE T, WORASUWANNARAK N. Kinetic analyses of biomass pyrolysis using the distributed activation energy model [J]. Fuel, 2008, 87 (3): 414-421.

[17] MCELWAIN S, MCGUINNESS M, PLEASE C. Approximations to the distributed activation energy model for the pyrolysis of coal [J]. Combustion & Flame, 2003, 133 (1/2): 107-117.

[18] SHEN Y, CHEN X, GE X, et al. Thermochemical treatment of non-metallic residues from waste printed circuit board: Pyrolysis vs. combustion [J]. Journal of Cleaner Production, 2018, 176: 1045-1053.

[19] 陈允魁. 红外吸收光谱法及其应用 [M]. 上海：上海交通大学出版社, 1993.

[20] 李敏, 盛毅. 高斯拟合算法在光谱建模中的应用研究 [J]. 光谱学与光谱分析, 2008, 28 (10): 2352-2355.

[21] WANG X, WU J, LI Y, et al. Pyrolysis kinetics and pathway of polysiloxane conversion to an amorphous SiOC ceramic [J]. Journal of Thermal Analysis & Calorimetry, 2014, 115 (1): 55-62.

4 废旧电路板热分解过程行为研究

4.1 概　　述

废旧电路板中 Cu、Fe、Sn 和 Ni 等金属含量较多，约占 60%，此外还含有 30% 左右的有机物。本书通过协同熔炼的方式回收废旧电路板里的金属，在协同熔炼过程中 Cu、Sn、Ni、Au 和 Ag 等有价金属进入金属相形成合金得以回收，Fe、Al 等金属则通过氧化的方式除去。废旧电路板中的有机物可以提供熔炼过程的部分热能，减少工业生产中的生产成本，但目前工业生产中这部分热能比较难利用，在熔炼过程中会损失大部分热能，除此之外有机物的分解也会产生污染性气体，容易污染破坏环境。因此有必要对废旧电路板高温下的热分解行为进行研究，探究废旧电路板的热分解机理，为熔炼过程中热能的回收利用提供必要的理论支撑。此外本章也对废旧电路板在不同气氛下的热分解产物进行讨论，以指导熔炼过程的气体产物处理。

针对电子废弃物的回收，热处理技术也是被广泛采用的方式。热处理技术主要包括焚烧法和热解技术。其中，焚烧法回收目标为电子废弃物中的金属部分，非金属部分在焚烧处理过程中大多作为热能供给而消耗，但焚烧过程中会产生大量有毒有害气体，对环境及人体造成危害，该技术多在早期处理电子垃圾时使用。由于该技术缺陷较多且对电子废弃物的利用无法达到最大化，目前，多数工厂不采取该方法处理电子废弃物。

热解技术与普通焚烧方法不同，其加热的过程中无须氧气参与，可将电子废弃物中的高分子聚合物转化为低分子的化合物，使得金属物质与非金属物质分离，达到金属回收的目的。同时转化后的聚合物能够作为新的燃料或工业材料。因此该方法的最大特点是能量消耗少，回收的成本相对于普通火法冶金要低很多，并且由于反应过程在无氧环境下进行，产生较少有害气体和氧化物，处理过程更加环保。目前，主要通过常压热解、真空热解、催化热解等方式来处理废旧电路板[1-3]。

基于热解技术的巨大前景，国内外学者进行了诸多研究。彭绍洪等人[4]进行了废旧电路板热解研究，探究了氮气和真空两个条件下热解的特点和差异，通过实验证明了在电路板热解过程中真空条件可以提高热解挥发性，减少二次裂解，使得回收液体中溴含量达到 13.47%，所得产品可以用于工业化工材料。

正确的热解特性是设计实验的基础，孙路石等人[5]为了探求废旧电路板的热解特性，设计了动力学模型，测定热解过程中固液气三态下的解产出物成分，为后来研究者提供了重要理论基础和支撑。

Shen[6]利用碱、酸和金属盐等化学预处理方法对废旧电路板进行前期处理，探究预处理步骤对电路板热解效果的影响。经过实验证明，经预处理，电路板塑料中的有机溴可以通过高温热解转化为 HBr，并且碱预处理有助于将溴固定，固定率可以达到 53.5%。

Alenezi 等人[7]分析了不同的升温速率下废旧电路板在 350~1200K 温度下的热解实验，由此得出一个热解模型。实验结果表明，在上区间 E_a 为 97~130kJ/mol 范围内的表现活化能是明显高于下区间 75~97kJ/mol 范围内的，该发现有助于废旧电路板热解系统的开发。

李江平等人[8]将废旧电视拆解后得到的废旧电路板进行脱锡处理，探究不同温度条件下（400℃、500℃、600℃、700℃）热解对气体产物、液体产物和固体产物的产率和各产物成分的影响。从结果可知，升高温度有利于气体产物的产生，但不利于固体产物的产生，而液体产物产率随着温度升高而增加，并在 600℃时产率达到最高。废旧电路板中的铜、银等有价金属经热解处理后主要富集于固体产物中。

Kim 等人[9]发现 PLP-PCB 的热解反应过程由四个热解过程和炭化反应组成：磷阻燃剂的汽化（<280℃）、层压纸和 TBBA 的热解、酚醛树脂的分解、芳族化合物释放阶段。热解过程中磷阻燃剂和 TBBA 的汽化产物可以作为 PCB 生产的原料。另外，由层压纸、TBBA 和酚醛树脂热解产生的其他产物也可以用作燃料，为 PLP-PCB 的热解反应器提供热量或用作其他化学原料。

丘克强等人[10]对真空下废旧电路板的热解规律开展了研究，研究发现在真空下废旧电路板的热解效率大幅度增强，主要生成酚类热解油。陈烈强等人[11]考察了添加剂对废旧电路板热解过程的影响。结果表明在热解过程加入 $CaCO_3$ 能够减少 HBr 的生成，可以大大提高废旧电路板的热解油回收产率和价值，$CaCO_3$ 是一种优良的热解添加剂。

历年来，热解技术被许多专家学者用来解决废旧电路板再利用的问题，他们采取的工艺手段大体分为两个方面，先热解再回收金属，先回收金属再热解[12-15]。热解技术在废旧电路板的金属物质回收工艺中发挥重要的辅助作用，主要应用回收生产热解油。热解处理法是一种相对节能环保的废旧电路板回收方法，并且，由于电路板中包含大量塑料成分，热解回收过程中往往能产生燃料或化工原料。同时热解过程处于无氧环境，这也降低了二噁英等有毒有害物质产生的可能性，但是，热解回收得到的金属富集体大多是十几种金属的混合体，所得合金还需进一步提纯处理。并且，热解技术在工业应用尚不成熟，目前无法实现大规模批量处理。

4.2 氩气气氛下废旧电路板热分解分析

4.2.1 废旧电路板热重实验分析

本书使用综合热重分析仪研究了不同升温速率氩气气氛下的热分解热重（thermal gravity，TG）和微商热重分析（differential thermal gravity，DTG）曲线，其结果如图4-1所示。随着升温速率的升高，废旧电路板的 TG 和 DTG 曲线都逐渐向温度更高的方向偏移，并且其最大热分解速率会逐步降低。造成这种现象的原因主要是升温速率的提高使导热滞后及气体扩散不及时。升温速率的增加废旧电路板内部传热时间减少，并且颗粒内部与外部之间的温差将增加，从而导致热滞后；此外当升温速率较高时，其热分解产物的生成速率增加，气体产物不能及时逸出导致曲线滞后，使得 TG 曲线向右迁移[16]。

由图4-1可知，在氩气气氛下，废旧电路板的热分解主要过程分为脱水阶段和主要热分解阶段。脱水阶段的温度区间为 30~150℃，这个阶段主要是废旧电路板中的水分挥发。由于实验所用废旧电路板含水量很少，热分解过程中脱水阶段不明显，整个脱水过程的失重量仅有 1%。废旧电路板在氩气气氛下热分解的主要热分解阶段的温度区间 230~680℃，这个阶段是废旧电路板热分解过程的主要质量损失阶段，其主要为废旧电路板热分解产生小分子气体和大分子挥发物，质量损失为 31%。在主要热分解阶段废旧电路板的热分解速率随着温度升高逐渐增大，在 310℃左右其质量损失速率达到最大值，随着温度的进一步上升，其热分解速率逐渐降低至到达热分解终点。

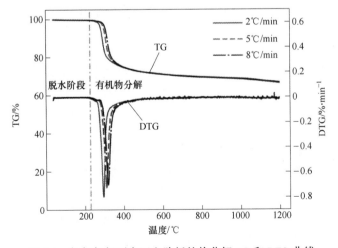

图 4-1 氩气气氛下废旧电路板的热分解 TG 和 DTG 曲线

4.2.2 废旧电路板氩气气氛热分解产物分析

本书通过热重-红外联用（TG-FTIR）和热重-质谱联用（TG-MS）对废旧电路板氩气气氛下热分解过程的气体产物进行了分析，研究了气体产物在升温过程的变化过程。并对热分解固体产物进行了 XRF 和 XRD 分析，研究了热分体固体产物中元素的含量和赋存状态。

4.2.2.1 废旧电路板热分解气体产物分析

运用 TG-FTIR 分析废旧电路板在氩气气氛下的热分解产物，检测结果如图 4-2 所示。当温度低于 200℃时，FTIR 光谱中只出现少量吸附峰，这表明在 200℃ 没有发生剧烈的热分解反应。温度高于 300℃时，在 FTIR 光谱中观测到大量的吸收峰，此时发生了热分解反应，产生了大量的热分解产物。在 2500~2700cm^{-1} 和 1400~1600cm^{-1} 处观察到强烈的吸附峰，这是由于 H—Br 的拉伸振动和苯环的框架振动，废旧电路板中的含溴有机物热分解生成 HBr[17]。在 2240~2400cm^{-1} 出现强烈的吸附峰，主要是由于 CO_2 的 C ═O 键的伸缩振动[18]。在 3100~3500cm^{-1} 检测到—OH 的伸缩振动峰，这主要是废旧电路板在热分解过程生成水[19]。

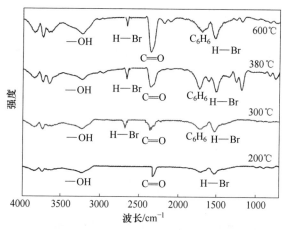

图 4-2　在氩气气氛下以 5℃/min 的升温速率得到的热分解产物的 TG-FTIR 光谱

通过 TG-MS 技术检测废旧电路板主要的热分解气体产物及其相对强度。如图 4-3 所示，废旧电路板在氩气气氛下热分解主要生成苯酚、溴苯酚等聚合物，CH_4、C_2H_2、HBr、H_2O 和 CO_2 等气体。废旧电路板在氩气气氛中的热分解反应温度区间主要在 250~600℃，在这个温度范围内质量大幅度减少，主要为环氧树脂的初步热分解和溴化阻燃剂的热分解。在 300~600℃检测到 HBr 的峰，随后在 400~600℃检测到苯和苯酚等物质，此过程主要是废旧电路板中的溴阻燃剂中的

C—Br 键断裂释放出 HBr 及苯系化合物。在 300~700℃ 的温度范围检测到大量的 CH_4、C_2H_2 等碳氢小分子化合物以及 CO、CO_2 生成，主要是因为废旧电路板中环氧树脂开始进行初步热分解。随着温度的升高，剩余的小分子聚合物进一步热分解生成大量的 CO_2 和 H_2O。由于样品的热分解与质谱的检测有延迟，TG-MS 检测到的产物生成温度区间会高于实际热分解的温度。此外，加热过程是连续的，这就会致使部分反应产物的重叠。

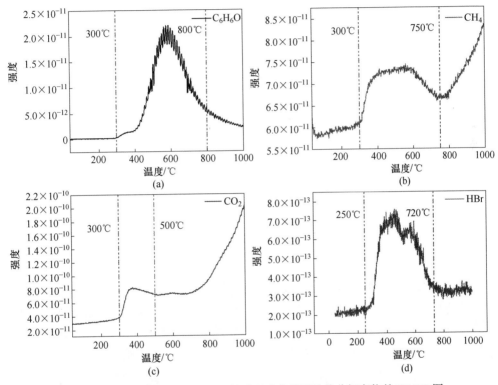

图 4-3　在氩气气氛下以 5℃/min 的升温速率得到的热分解产物的 TG-MS 图

　　根据废旧电路板的气体产物检测结果可知，废旧电路板在氩气气氛下的热分解过程主要是 3 个反应的叠加形成，主要为环氧树脂的初步热分解、溴化阻燃剂的热分解和有机小分子的热分解，其反应过程如图 4-4 所示。在氩气气氛下，随着温度的逐步升高，废旧电路板中的环氧树脂首先发生碳键的断裂，生成大量的碳氢小分子化合物、CO_2、H_2O 以及有机小分子化合物。随着进一步温度升高，废旧电路板中的溴化阻燃剂也开始热分解，生成大量的苯、苯酚和 HBr 等化合物。温度继续升高，环氧树脂初步热分解生成的有机小分子化合物也逐渐开始热分解生成大量的 CO_2、CO 和 H_2O 等物质。

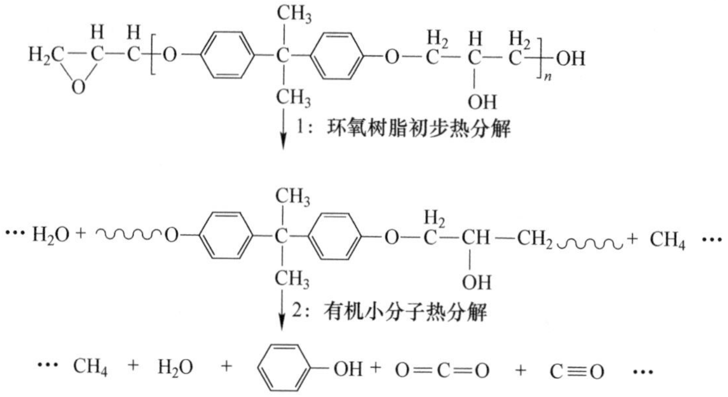

图 4-4 氩气气氛下热分解反应过程

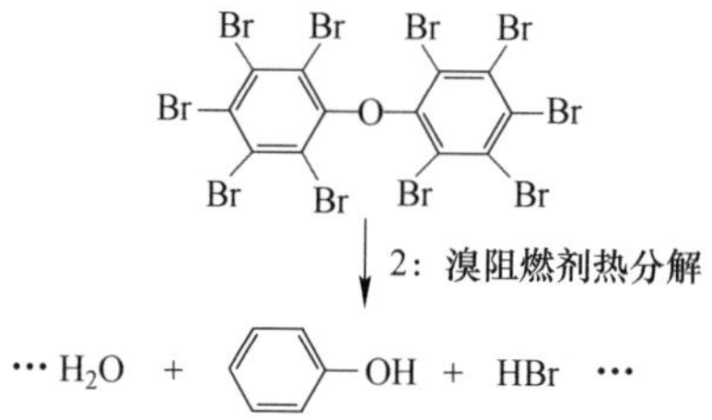

4.2.2.2 废旧电路板热分解固体产物分析

废旧电路板在氩气气氛下的热分解残渣为黑色固体，是废旧电路板热分解脱除挥发物及碳化之后的结果。热分解前后样品如图 4-5 所示，由于有机物的分解，残渣中残留下不易挥发的金属与焦炭，导致固体颜色加深。

图 4-5 废旧电路板氩气气氛下热分解前与热分解后固体产物

（a）热分解前样品；（b）热分解后固体产物

为明确废旧电路板在氩气气氛下热分解残渣中的元素组成和形态，对废旧电路板热分解残渣进行了 XRF 分析和 XRD 分析。结果见表4-1 和图4-6。XRF 的分析结果表明，废旧电路板在氩气气氛下的热分解残渣中主要含有 Cu、Fe、Sn、Ni、Si、Ca 等元素，此外还有少量 Mg、Zn、Ag 等元素。由此可见，废旧电路板在氩气气氛下热分解后，有机物和易挥发金属脱除，废旧电路板中的金属基本残留在热分解残渣中。残渣中的 Ca、Si、Al、Fe 等元素可以为后续熔炼实验提供造渣剂。从图4-6可见，在废旧电路板中主要检测到 Cu、Fe、CaO、SiO₂的晶体衍射峰，这表明废旧电路板中的铜、铁等金属以单质形式存在，钙、硅等元素以氧化物的形式存在。

表 4-1 废旧电路板氩气气氛下热分解残渣 XRF 分析 （%）

元素	Cu	Fe	Sn	Ni	Ca
含量（质量分数）	50	20	5	5	2
元素	Mg	Zn	Ag	Si	Al
含量（质量分数）	0.05	1	200g/t	5	2

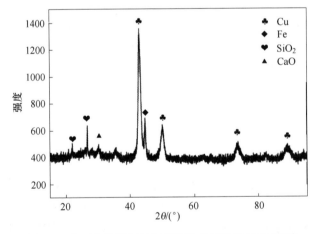

图 4-6 废旧电路板氩气气氛下热分解残渣 XRD 图谱

4.2.3 废旧电路板氩气气氛热分解动力学

使用 KAS、FWO 和 FRL 等转化率法分析热分解过程对废旧电路板的热分解过程进行分析，所求的反应活化能如图4-7所示。从图4-7可以看出，废旧电路板热分解过程的活化能有较大的波动，会随着反应的进行发生改变。转化率 α 在0~0.6 的范围内电路基板热分解的活化能基本稳定在 145kJ/mol，转化率达到0.6 之后，反应的活化能开始逐渐增大到 270kJ/mol，转化率 α 达到 0.8 之后反应的活化能又开始逐渐降低。造成这个现象的主要原因是废旧电路板的热分解不是一个单一的反应，而是有多个反应的叠加。

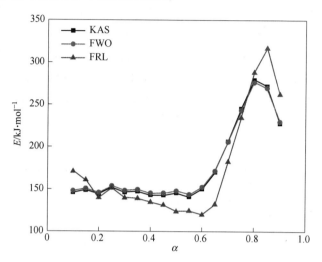

图 4-7 KAS、FWO 和 FRL 方法所求反应活化能

根据高斯分峰拟合的分峰规则[20]将废旧电路板的热分解过程质量损失速率分峰拟合分解为三个反应。以 $\beta = 5℃/min$ 为拟合对象，运用 1stOpt 拟合优化软件使用通用全局优化算法对热分解过程进行高斯拟合，拟合系数达到 0.9977，拟合结果如图 4-8 所示。由图 4-8 可以看出废旧电路板的热分解过程可由三个拟合峰进行拟合。

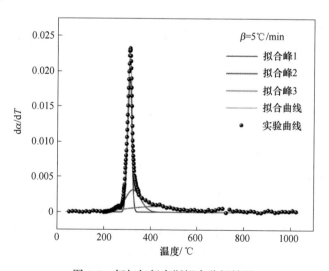

图 4-8 氩气气氛高斯拟合分析结果

从废旧电路板的热分解曲线和产物可以看出，废旧电路板热分解反应比较复杂，需要三个拟合峰对其进行拟合。通过高斯拟合法将 $d\alpha/dT$ 拟合成三个高斯峰，拟合的参数见表4-2。废旧电路板拟合峰1的失重范围为230~430℃，最大失重温度为330℃，这个阶段主要是环氧树脂的初步热分解。拟合峰2的失重范围为280~350℃，最大失重温度为320℃，这个阶段主要是溴阻燃剂热分解为HBr等物质。拟合峰3的失重范围为232~680℃，最大失重温度为450℃，这个阶段主要是小分子聚合物热分解为 CO、CO_2、H_2O 等物质。

表4-2 拟合峰温度区间

拟合峰	起始温度 T_i/℃	峰值温度 T_p/℃	终止温度 T_e/℃
拟合峰1	230	330	430
拟合峰2	280	320	350
拟合峰3	232	450	680

运用高斯分峰法将废旧电路板热分解过程分为三个叠加反应，并对三个反应进行热分解动力学分析求解热分解参数。通过 KAS 法求取三个拟合反应的活化能，结果列于表4-3。

表4-3 拟合峰 KAS 法活化能求解结果

转化率 α	拟合峰1		拟合峰2		拟合峰3	
	活化能 /kJ·mol^{-1}	相关系数	活化能 /kJ·mol^{-1}	相关系数	活化能 /kJ·mol^{-1}	相关系数
0.4	139.15	1.000	133.06	0.9878	144.81	0.9784
0.5	146.98	1.000	127.50	0.9916	129.74	0.9553
0.6	142.72	0.999	131.13	0.9916	118.71	0.9332
0.7	142.68	1.000	132.71	0.9830	112.93	0.9253
0.8	137.69	0.999	131.55	0.9806	106.12	0.9063
0.9	139.66	0.999	137.85	0.9807	100.73	0.8885

利用 CR 法，将47种常见热分解机理函数[21]代入 CR 方程中求解废旧电路板热分解参数。47种机理函数求解的活化能差别较大，拟合峰1求解的活化能 E 的大小在50~1500kJ/mol 的范围内，拟合峰2求解的活化能 E 的大小在10~500kJ/mol 的范围内，拟合峰3求解的活化能 E 的大小在10~400kJ/mol 的范围内，相关系数也变化较大。根据相关系数 R^2 以及 KAS 法求得的热分解活化能 E 对机理函数进行初步筛选，选出以下几种合理的机理函数列于表4-3。拟合峰1筛选出机理函数所求活化能在77~180kJ/mol 范围内变化，拟合峰2筛选出机理函数所求活化能在80~190kJ/mol 范围内变化，拟合峰3筛选出机理函数所求活

化能在 65~170kJ/mol 范围内变化。

使用 Malek 法[22]对选取的机理函数进行深入的选取以此确定废旧电路板的热分解机理函数。分别根据 13 种机理函数计算出 $y(\alpha) = \dfrac{f(\alpha) \times G(\alpha)}{f(0.5) \times G(0.5)}$ 和 α 的标准关系曲线，与根据失重曲线计算出的 $y(\alpha) = \left(\dfrac{T}{T_{0.5}}\right)^2 \times \dfrac{\mathrm{d}\alpha/\mathrm{d}t}{(\mathrm{d}\alpha/\mathrm{d}t)_{0.5}}$ 和 α 的关系曲线一同列于图 4-9 中。从图 4-8 可以看出，在热分解过程中三个拟合反应的 $y(\alpha) - \alpha$ 均呈不对称的抛物线形状，与拟合反应 1 的 $y(\alpha) - \alpha$ 试验曲线最接近的标准曲线对应的机理函数为化学反应的反应级数，$G(\alpha) = (1-\alpha)^{-1} - 1$，反应活化能为 136.86kJ/mol；与拟合反应 2 的 $y(\alpha) - \alpha$ 试验曲线最接近的标准曲线对应的机理函数为化学反应，$G(\alpha) = (1-\alpha)^{-1} - 1$，反应活化能为 152.59kJ/mol；与拟合反应 3 的 $y(\alpha) - \alpha$ 试验曲线最接近的标准曲线对应的机理函数为随机成核和随后生长，反应级数为 4，$G(\alpha) = [-\ln(1-\alpha)]^4$，反应活化能为 142.94kJ/mol。

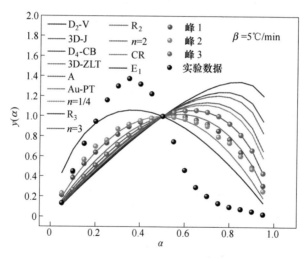

图 4-9 $y(\alpha) - \alpha$ 标准曲线和试验曲线

4.2.4 废旧电路板氩气气氛热分解机理函数验证

为验证所得机理函数的可靠性，通过所求机理函数求出 2℃/min 升温速率下的热分解理论转化率曲线，并与实验数据进行对比，结果如图 4-10 所示。由图 4-10 可见，通过机理函数所得的理论曲线与实验曲线的相关性为 0.993，两条曲线的变化趋势基本一致，因此，可以证明上述机制功能可以用于预测 WPCB 在 Ar 中的热分解的变化过程。

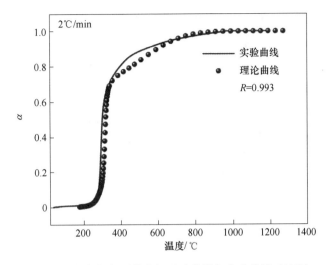

图4-10 氩气气氛下热分解理论曲线与实验曲线对比图

4.3 氧气气氛下废旧电路板热分解分析

4.3.1 废旧电路板热重实验分析

使用综合热重分析仪研究了氧气气氛下不同升温速率的热重曲线，其结果如图4-11所示。氧气气氛中，随着升温速率的升高，废旧电路板的 TG 和 DTG 曲线都逐渐向温度更高的方向偏移，并且其最大热分解速率会逐步降低。在氧气气氛下，WPCB 的热分解质量损失约为40%，废旧电路板的热分解质量特性曲线主要分为 3 个阶段。废旧电路板在氧气气氛下的第一个失重阶段为水分的挥发，这个阶段的温度区间为30~150℃，脱水阶段质量损失为1%。在200~340℃的范围内出现开始第二个失重阶段，在这个温度区间内，质量损失速率随温度的升高逐渐增大，直到300℃废旧电路板的热分解速率达到最大值，随后质量损失速率逐渐降低。第三个失重阶段的温度区间为340~530℃，在这个失重阶段质量损失速率随温度的升高逐渐增大；温度达到400℃后废旧电路板的质量损失速率又开始逐渐减缓，直至热分解反应结束。

4.3.2 废旧电路板氧气气氛下热分解产物分析

本书通过 TG-FTIR 和 TG-MS 对废旧电路板热分解过程的气体产物进行了分析，研究了气体产物在升温过程的变化过程。并使用 XRF 和 XRD 分析了热分解固体产物中元素含量和赋存状态。

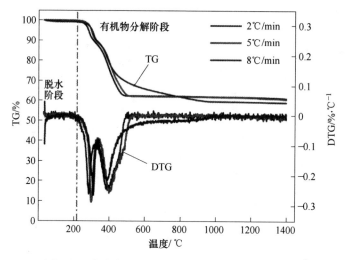

图 4-11 氧气气氛下废旧电路板的热分解 TG 曲线

4.3.2.1 废旧电路板热分解气体产物分析

为了研究废旧电路板的热分解机理，采用 TG-FTIR 和 TG-MS 分析了废旧电路板热分解过程的气体产物。在这项研究中，TG-FTIR 用于研究热分解产物中的化学键和官能团，质谱分析用于研究热分解产物中主要成分的生成过程。结果如图 4-12 所示，随着温度的升高，在 $667cm^{-1}$ 和 $2360cm^{-1}$ 处观测到 CO_2 的变形振动峰和伸缩振动峰。在 $2500\sim2600cm^{-1}$ 和 $1400\sim1600cm^{-1}$ 处观察到强烈的吸附峰，这分别归因于 H—Br 的拉伸振动和苯环的框架振动。在 $2100\sim2270cm^{-1}$ 检测到的吸附带是由于 C≡C 的伸缩振动。在 $2100\sim2140cm^{-1}$ 和 $2150\sim2260cm^{-1}$ 可以观测到明显的吸收峰，这代表了 C≡C 键的伸缩振动峰。在 $3530\sim3650cm^{-1}$ 和

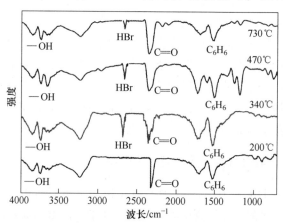

图 4-12 氧气气氛下热分解产物红外光谱图（5℃/min）

3650~3780cm^{-1} 检测—OH 特征吸收峰，这主要由于是水羟基和酚羟基的伸缩振动引起的。

用 TG-MS 技术检测废旧电路板主要的热分解气体产物及其相对强度。结果如图 4-13 所示，当温度在 200~900℃的范围内，检测到大量的 CH_4、C_2H_4 和 C_2H_6 等碳氢小分子化合物以及 CO、CO_2。这是氧气气氛下废旧电路板中环氧树脂热分解的阶段，在这个温度区间内环氧树脂分解生成大量挥发性气体。当温度在 200~600℃时，废旧电路板热分解产生了 C_6H_6、C_7H_8O、C_6H_6O、CO_2 和 HBr 等物质，在这个温度范围内，苯及苯同系物、HBr 的产量随着温度升高逐渐增加，并在 450℃生成量达到峰值。这个阶段主要是废旧电路板中的溴系阻燃剂的热分解，是废旧电路板中溴的主要释放阶段。

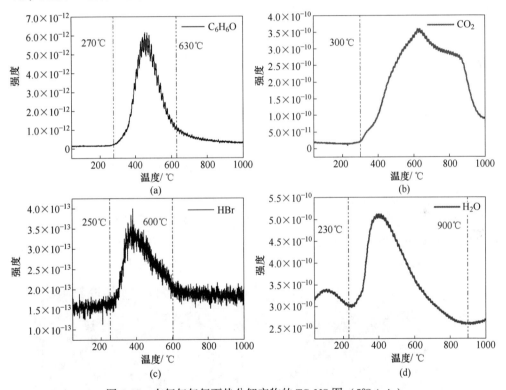

图 4-13 在氧气气氛下热分解产物的 TG-MS 图（5℃/min）

根据 TG-FTIR 和 TG-MS 的检测结果可知，氧气气氛下废旧电路板的热分解过程主要由 2 个反应形成：环氧树脂的热分解、溴阻燃剂的热分解。反应过程如图 4-14 所示。在氧气气氛下，温度升高，废旧电路板中的环氧树脂首先开始发生热分解反应，生成大量的 CH_4、C_2H_8、CO、CO_2 和 H_2O 等物质。温度继续升高，废旧电路板中的溴阻燃剂开始热分解，在这个过程中生成了大量的苯及苯同系物、HBr 等物质，这是废旧电路板中溴的主要释放阶段。

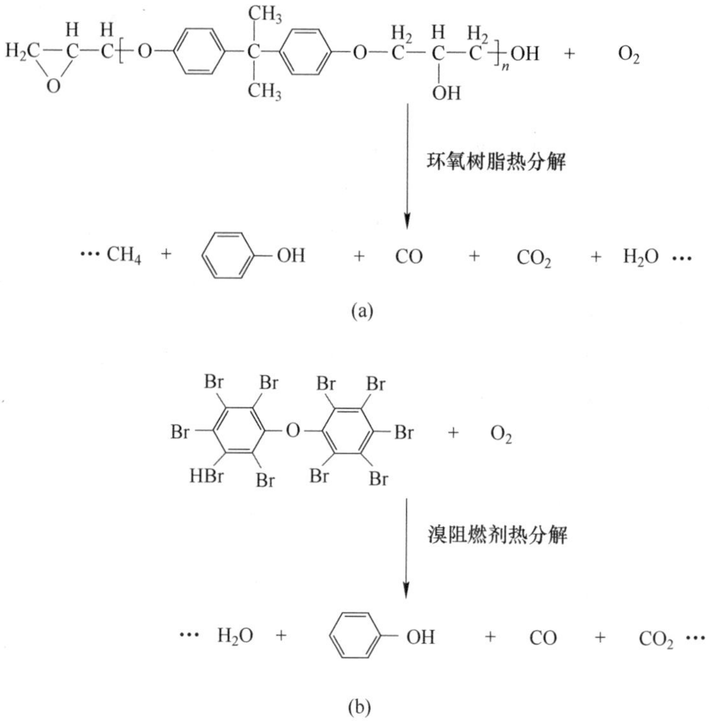

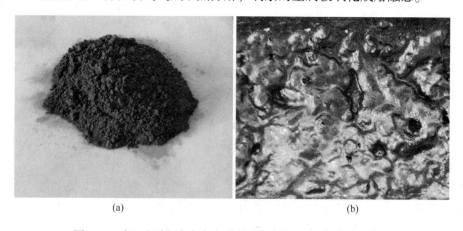

图 4-14 氧气气氛下热分解反应过程

4.3.2.2 废旧电路板热分解固体产物分析

废旧电路板在氧气中的热分解固体残渣呈现黑褐色体，这是废旧电路板中废旧电路板热分解和金属氧化的结果。热分解前后样品如图 4-15 所示，由于高温下废旧电路板有机物在氧气气氛下热分解，剩余的金属被氧化成熔融态。

(a)   (b)

图 4-15 废旧电路板氧气气氛下热分解前与热分解后固体产物

(a) 热分解前样品；(b) 热分解后固体产物

为明确废旧电路板在氧气气氛下热分解残渣中的元素组成和形态，对废旧电路板热分解残渣进行了 XRF 分析和 XRD 分析，检测结果见表 4-4 和图 4-16。根据检测结果可以得知，废旧电路板中有机物在氧气气氛热分解后生成挥发性气体逸出，其中的金属和难以挥发的物质则残留在热分解渣中。残渣中主要含有 Cu、Fe、Sn 和 Ni 等金属氧化物，以及 SiO_2、CaO 等氧化物。残渣中的 Ca、Si、Al 和 Fe 等元素可以为后续熔炼实验提供造渣剂。

表 4-4　废旧电路板氧气气氛下热分解残渣 XRF 检测结果　　（%）

元素	Cu	Fe	Sn	Ni	Ca
含量（质量分数）	25	15	2	5	5
元素	Mg	Zn	Ag	SiO_2	Al_2O_3
含量（质量分数）	0.1	2	150g/t	11.44	2

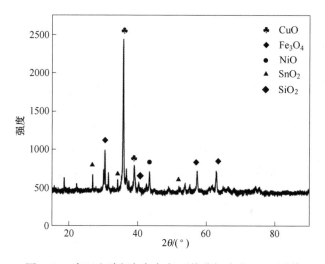

图 4-16　废旧电路板氧气气氛下热分解残渣 XRD 图谱

4.3.3　废旧电路板氧气气氛热分解动力学研究

本书采用高斯分峰拟合分析的方法运用 1 First Optimization 拟合优化软件将废旧电路板的热分解曲线拟合成两条曲线，这两条曲线分别表示环氧树脂和溴阻燃剂分解的 $d\alpha/dT$ 曲线。以 5℃/min 的热分解曲线为例，拟合结果如图 4-17 所示。拟合曲线 1 代表环氧树脂的热分解反应的 $d\alpha/dT$ 曲线，这主要发生在250~350℃的范围内，主要生成一些碳氢小分子化合物和大量的 H_2O、CO 和 CO_2 等物质；拟合曲线 2 为溴阻燃剂的热分解反应 $d\alpha/dT$ 曲线，发生在 250~600℃的温度范围内，主要生成 C_6H_6、C_6H_6O、HBr、CO_2 和 H_2O 等物质。

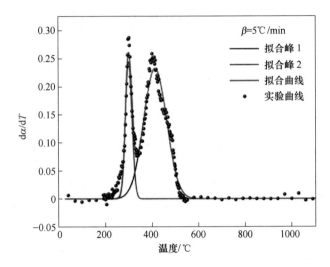

图 4-17　氧气气氛高斯拟合分析结果

利用 KAS 法、FWO 法 FRL 法求取废旧电路板在氧气中热分解的活化能，其结果如图 4-18 所示。废旧电路板在氧气中热分解的活化能不是稳定不变，而是随着反应的进行发生改变，反应程度在 0~0.4 的范围内，整个热分解过程的活化能约 200kJ/mol；反应程度在 0.4~0.7 的范围内，活化能逐步上升至 300kJ/mol；反应程度在 0.7~1 的范围内，活化能逐步降低至 50kJ/mol。导致这种现象的主要原因是废旧电路板的成分较为复杂，主要含有环氧树脂和溴阻燃剂，其在氧气中热分解的失重过程不是单一的反应，而是多个反应的叠加过程。

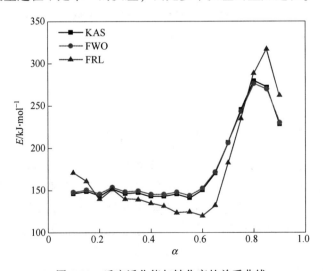

图 4-18　反应活化能与转化率的关系曲线

将不同的机理函数代入 Coats-Redfern 法（CR 法）中求取反应的动力学参数，结果见表 4-5。在不同的反应机理函数下，求解出的反应活化能差距较大，拟合反应 1 的活化能分布在 120~1028kJ/mol，拟合反应 2 活化能分布在 76~400kJ/mol。由表 4-5 可以看出不同机理函数求取的指前因子的大小差别很大，在 CR 法中，指前因子数的大小与活化能的变化息息相关。从表中可以看出大多数机理函数获得的动力学参数的相关系数都在 0.9 以上，这证明了用 CR 法计算的动力学参数是可靠的。但是并非所有的机理函数都适用于废旧电路板在氧气中的热分解机理，需要进一步寻找正确的机理函数。

表 4-5 氧气气氛拟合反应动力学参数

模型	反应 1			反应 2		
	$E/\text{kJ} \cdot \text{mol}^{-1}$	A/s^{-1}	R^2	$E/\text{kJ} \cdot \text{mol}^{-1}$	A/s^{-1}	R^2
F_1	92.44	1.6×10^4	0.98	249.96	3.37×10^{20}	0.98
F_2	59.77	132.77	0.79	171.52	6.55×10^{13}	0.85
F_3	130.75	2.17×10^8	0.81	352.53	1.23×10^{23}	0.86
D_1	250.98	2.54×10^{20}	0.97	250.98	2.5×10^{20}	0.97
D_2	153.86	2.41×10^8	0.94	401.85	7.15×10^{33}	0.93
D_3	173.99	2.85×10^9	0.97	453.08	1.15×10^{38}	0.96
D_4	160.44	1.97×10^8	0.95	418.6	6.18×10^{34}	0.94
A_2	40.62	0.92	0.98	120.24	2.85×10^8	0.98
AE_4	403.41	1.36×10^{28}	0.99	1028.28	4.7×10^{91}	0.98
$n=1/4$	84	725.33	0.97	228.47	7.4×10^{17}	0.97
C_1	134.65	7.01×10^7	0.99	357.78	5.96×10^{30}	0.99
R_1	92.44	1.6×10^4	0.98	249.96	3.37×10^{20}	0.98
R_2	76.44	310.04	0.95	209.19	2.12×10^{16}	0.95
R_3	81.39	568.1	0.97	221.8	2.28×10^{17}	0.96

使用 Malek 法对选取的机理函数进行深入的选取以此确定废旧电路板的热分解机理函数。Malek 法使用 $y(\alpha) = \dfrac{f(\alpha) \times G(\alpha)}{f(0.5) \times G(0.5)}$ 和 α 的机理函数标准关系曲线与根据失重曲线计算出的 $y(\alpha) = \left(\dfrac{T}{T_{0.5}}\right)^2 \times \dfrac{\mathrm{d}\alpha/\mathrm{d}t}{(\mathrm{d}\alpha/\mathrm{d}t)_{0.5}}$ 和 α 的关系曲线，将理

论主曲线与实验数据曲线进行比较。图 4-19 显示了废旧电路板两个拟合反应在 5℃/min 升温速率下通过 Malek 法获得的曲线。从图中可以看出环氧树脂热分解（拟合反应 1）的实验曲线与化学反应机理函数 $y(\alpha)/y(\alpha)_{0.5}$ 曲线最为接近，由此推断出拟合反应 1 的反应机理函数 $G(\alpha) = (1-\alpha)^{-1} - 1$，利用 CR 法计算出的动力学参数指前因子 $A = 4.22 \times 10^6 \, \text{s}^{-1}$，反应活化能 $E = 134.65 \text{kJ/mol}$。溴阻燃剂热分解（拟合反应 2）的实验曲线与化学反应机理函数的 $y(\alpha)/y(\alpha)_{0.5}$ 曲线最为接近，由此推断出溴阻燃剂热分解反应机理函数 $G(\alpha) = (1-\alpha)^{-1} - 1$，利用 CR 法计算出的动力学参数指前因子 $A = 6.37 \times 10^{13} \, \text{s}^{-1}$，反应活化能 $E = 357.78 \text{kJ/mol}$。

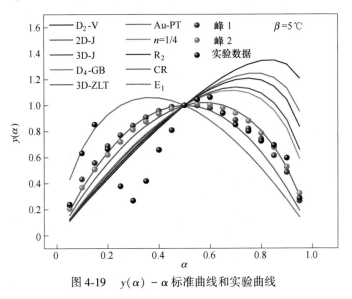

图 4-19　$y(\alpha) - \alpha$ 标准曲线和实验曲线

根据氧气气氛下废旧电路板热分解的动力学分析可知，废旧电路板在氧气中热分解反应是由 2 个反应叠加的，随着温度的上升首先是废旧电路板中的环氧树脂发生热分解反应，反应机理为化学反应；随着温度进一步升高，废旧电路板中的溴阻燃剂开始热分解释放出 HBr 和苯酚同系物，反应机理为化学反应。

4.3.4　废旧电路板氧气气氛热分解机理函数验证

为验证所得机理函数的可靠性，通过所求机理函数求出 2℃/min 升温速率下的热分解理论转化率曲线，并与实验数据进行对比，结果如图 4-20 所示。由图可知，通过机理函数所得的理论曲线与实验曲线的相关性为 0.999，两条曲线的变化趋势基本重合，因此，可以证明上述机制功能可以用于预测废旧电路板在 O_2 中的热分解的变化过程。

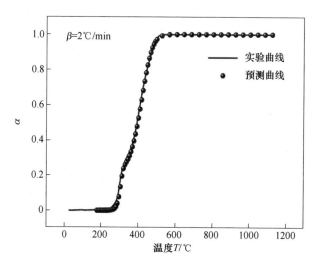

图 4-20 氧气气氛下热分解理论曲线与实验曲线对比图

4.4 本 章 小 结

在 Ar 气氛中，废旧电路板热分解的温度范围为 260~500℃，质量损失为 30%。废旧电路板在氩气气氛下的热分解过程是由环氧树脂的初步热分解、有机小分子的热分解和溴阻燃剂的热分解叠加形成。环氧树脂的初步热分解主要发生在 230~430℃ 的温度区间，环氧树脂的初步热分解的反应机理函数为化学反应，$G(\alpha) = (1-\alpha)^{-1} - 1$，反应活化能为 136.86kJ/mol；溴阻燃剂热分解反应主要发生在 280~350℃ 的温度区间，溴阻燃剂有机物热分解的机理函数为化学反应，$G(\alpha) = (1-\alpha)^{-1} - 1$，反应活化能为 152.59kJ/mol；小分子聚合物的热分解反应发生在 232~680℃ 的温度区间，小分子聚合物热分解的机理函数为随机成核和随后生长，反应级数为 4，$G(\alpha) = [-\ln(1-\alpha)]^4$，反应活化能为 142.94kJ/mol。

在 O$_2$ 气氛中，废旧电路板热分解的温度范围主要为 200~600℃，质量损失约为 40%。废旧电路板在氧气气氛下的热分解过程是由环氧树脂的热分解和溴阻燃剂的热分解叠加形成。环氧树脂热分解反应主要发生在 250~350℃ 的温度区间，环氧树脂热分解的反应机理为化学反应，反应机理函数 $G(\alpha) = (1-\alpha)^{-1} - 1$，反应活化能 $E = 134.65$kJ/mol。溴阻燃剂热分解反应发生在 250~600℃ 温度区间，溴阻燃剂热分解的反应机理函数为化学反应，反应机理函数 $G(\alpha) = (1-\alpha)^{-1} - 1$ 反应活化能 $E = 357.78$kJ/mol。

在 Ar 和 O$_2$ 气氛下废旧电路板热分解的温度范围分别为 260~500℃ 和 200~600℃，这是废旧电路的主要热分解阶段，在熔炼过程中为减少熔炼过程热量的损失，应减少物料到达熔池的时间。在氩气和氧气气氛下，废旧电路板中溴阻燃剂的热分解温度分别为280~350℃和250~600℃，这是废旧电路板中溴的主要释放阶段，为减少有害气体的产生，应该保证废旧电路板充分分解，并减少废旧电路板在此温度区间的滞留时间。

参 考 文 献

[1] CHEN R, LI Q, XU X, et al. Comparative pyrolysis characteristics of representative commercial thermosetting plastic waste in inert and oxygenous atmosphere [J]. Fuel, 2019, 246: 212-221.

[2] LIU Y, LI K, JIE G, et al. Impact of the operating conditions on the derived products and the reaction mechanism in vacuum pyrolysis treatment of the organic material in waste integrated circuits [J]. Journal of Cleaner Production, 2018, 197 (1): 1488-1497.

[3] TANG H, XU M, HU H, et al. In-situ removal of sulfur from high sulfur solid waste during molten salt pyrolysis [J]. Fuel, 2018, 231: 489-494.

[4] 彭绍洪, 陈烈强, 甘舸, 等. 废旧电路板真空热解 [J]. 化工学报, 2006, 57 (11): 2720-2726.

[5] 孙路石, 陆继东, 王世杰, 等. 印刷线路板废弃物热解实验研究 [J]. 化工学报, 2003, 54 (3): 408-412.

[6] SHEN Y. Effect of chemical pretreatment on pyrolysis of non-metallic fraction recycled from waste printed circuit boards [J]. Waste Management, 2018, 76: 537-543.

[7] ALENEZI R A, AL-FADHLI F M. Thermal degradation kinetics of waste printed circuit boards [J]. Chemical Engineering Research and Design, 2018, 130: 87-94.

[8] 夏洪应, 李江平, 陈习堂, 等. 废旧电视电路板的热解研究 [J]. 有色金属工程, 2021, 11 (10): 130-135.

[9] KIM Y M, HAN T U, WATANABE C, et al. Analytical pyrolysis of waste paper laminated phenolic-printed circuit board (PLP-PCB)[J]. Journal of Analytical & Applied Pyrolysis, 2015, 115: 87-95.

[10] 丘克强, 吴倩, 湛志华. 废弃电路板环氧树脂真空热分解及产物分析 [J]. 中南大学学报 (自然科学版), 2009, 40 (5): 1209-1215.

[11] 陈烈强, 胡亚林, 姚晓青. 碳酸钙存在下废旧电路板热分解油的组成特征 [J]. 现代化工, 2009, 11: 44-47.

[12] 郝娟, 王海锋, 宋树磊, 等. 废旧电路板热分解处理研究现状 [J]. 中国资源综合利用, 2008, 26 (6): 30-33.

[13] 孙春旭, 郭杰, 王建波, 等. 废旧印刷电路板中电子元器件回收处理技术进展 [J]. 材料导报, 2016, 30 (9): 105-109.

[14] 王佐仑, 张航, 丁洁, 等. 不同废旧电路板的 TG 行为研究 [J]. 广州化工, 2014, 42 (18): 91-92, 102.

[15] 伍家麒, 孙水裕, 李神勇, 等. 热分解条件对废旧电路板真空热分解油的成分的影响 [J]. 环境工程学报, 2014, 8 (3): 1185-1190.

[16] SHEN Y, CHEN X, GE X, et al. Thermochemical treatment of non-metallic residues from waste printed circuit board: Pyrolysis vs. combustion [J]. Journal of Cleaner Production, 2018, 176: 1045-1053.

[17] YE Z, YANG F, LIN W, et al. Improvement of pyrolysis oil obtained from co-pyrolysis of WPCBs and compound additive during two stage pyrolysis [J]. Journal of Analytical and Applied Pyrolysis, 2018, 135: 415-421.

[18] ZHAO C, ZHANG X, LIN S. Catalytic pyrolysis characteristics of scrap printed circuit boards by TG-FTIR [J]. Waste Management, 2017, 61: 354-361.

[19] FRIED A, RICHTER D. Infrared Absorption Spectroscopy [M]. John Wiley & Sons, Ltd, 2007.

[20] MOSLEY R, WILLIAMS R. Fourier transform near infrared absorption spectroscopy of gases [J]. Journal of Near Infrared Spectroscopy, 1994, 2 (1): 119-125.

[21] VYAZOVKIN S. Modern isoconversional kinetics: From misconceptions to advances [J]. Handbook of Thermal Analysis and Calorimetry, 2018, 6: 131-172.

[22] HUANG L, CHEN Y C, LIU G, et al. Non-isothermal pyrolysis characteristics of giant reed (Arundo donax L.) using thermogravimetric analysis [J]. Energy, 2015, 87: 31-40.

5 废旧电路板协同熔炼过程热力学研究

5.1 概 述

对于废旧线路板高温富氧顶吹熔炼过程，炉渣的渣型和性质是影响该过程能否顺利进行的重要因素。因此，为了使熔炼过程顺利进行，有效回收废旧电路板中的有价金属，必须对炉渣渣型进行选择，并调控炉渣渣型。较优的炉渣渣型应具备以下几个特征：（1）炉渣熔化所需的温度低，炉渣的黏度应较低，流动性好，以便渣金分离；（2）Cu、Sn、Ni 等有价金属在该炉渣渣型下溶解度低，杂质金属在该渣型下溶解度高；（3）尽量减少额外纯化合物的添加。在实际熔炼过程中，通过合理调控炉渣组成，降低炉渣熔化所需温度和炉渣的黏度，有利于降低实验能耗，便于熔炼过程的进行，减小炉渣对金属的夹带作用，提高金属直收率。本章将选定熔炼渣系并研究炉渣组成对炉渣性质的影响以及对炉渣液相区域的作用规律。

火法冶炼过程常选渣型有 $CaO-SiO_2-FeO$、$CaO-MgO-SiO_2$、$CaO-SiO_2-Al_2O_3$ 等[1-3]。其中，$CaO-SiO_2-Al_2O_3$ 常用于钢铁冶金中，但也有公司在处理电子废弃物过程选用该渣型，其中就包括 Umicore 公司。

李强等人[4]在处理高品位氧化铜矿选用了火法冶炼中常见的 $FeO-CaO-SiO_2$ 渣型，由于废旧电路板和氧化铜矿中的 Cu 含量都较高，该渣型对废旧电路板火法冶炼具有一定借鉴意义，但废旧电路板较氧化铜矿成分更为复杂，在渣型选择时应再考虑 Al、Mg 等元素对炉渣的影响。

郭键柄等人[5]针对其选用的废旧电路板原料中 Al_2O_3 含量较高的特点，选用了 $SiO_2-CaO-Al_2O_3-FeO$ 四元渣型，采用顶吹的方式对废旧电路板进行熔炼，着重研究了 Al_2O_3 含量对炉渣性质及金属收率的影响，在理想的各组分配比下，炉渣流动性良好，能高效回收有价金属。

颜根发[6]结合目前常用的 $CaO-SiO_2-FeO$、$FeO-CaO-MgO$、$FeO-MgO-SiO_2$、$CaO-MgO-SiO_2$ 四个渣型，绘制了 $CaO-SiO_2-FeO-MgO$ 四元渣型相图解决转炉炼钢前期冶炼过程炉渣中 FeO 含量较多的问题，该研究对有色冶炼过程渣型选择具有一定的借鉴意义。

5.2 合理渣型的提出

结合废旧电路板成分中 Al、Si、Fe 含量高的特点，简单的选择火法冶炼常见的渣型如 $CaO-SiO_2-FeO$、$FeO-SiO_2-MgO$ 等已不能满足本研究熔炼过程所需渣型要求，且原料中的 Fe、Al 进入渣中将会影响炉渣性质[7]。因此，本书基于 $Al_2O_3-SiO_2-FeO-CaO-1.5\%MgO$ 渣系对废旧电路板火法熔炼过程的渣型进行理论计算，得出废旧电路板火法熔炼过程的较优炉渣组成，通过 FactSage[8-10] 软件绘制该渣系相图，结果如图 5-1~图 5-6 所示。

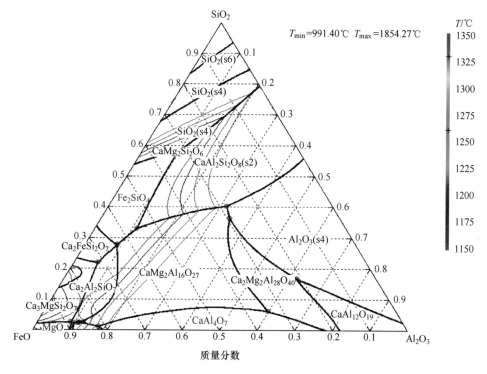

图 5-1 $Al_2O_3-SiO_2-FeO-CaO-1.5\%MgO$ 渣系相图

由图 5-2 可见，液相区域面积受温度影响较大，随着温度的升高，$Al_2O_3-SiO_2-FeO-CaO-1.5\%MgO$ 渣系的液相区域不断扩大，在温度处于 1150℃时，液相区域较小，此时，液相区域由炉渣中的 SiO_2、CaO 与 FeO 结合形成的铁橄榄石（Fe_2SiO_4）和钙铁硅酸盐相（$Ca_2FeSi_2O_7$）组成。随着温度的升高，液相区域向着 $Al_2O_3-SiO_2$ 边移动，这是因为温度的升高，使炉渣对 Al_2O_3 的溶解度增大，炉渣中的 CaO、SiO_2 与 Al_2O_3 结合形成钙铝硅酸盐，从而导致液相区面积增加。

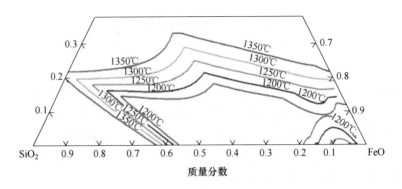

图 5-2 Al$_2$O$_3$-SiO$_2$-FeO-CaO-1.5%MgO 渣系液相区域局部放大图

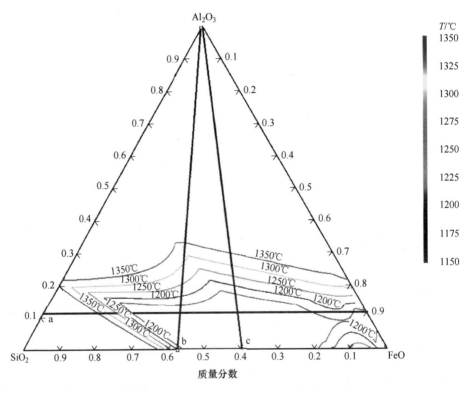

图 5-3 Fe/SiO$_2$ 质量比为 0.75~1.5 条件下渣系相图

a—Al$_2$O$_3$ 实际含量为 9.5%；b—$m(\text{Fe})/m(\text{SiO}_2)=0.75$；c—$m(\text{Fe})/m(\text{SiO}_2)=1.5$

由图 5-3 可见，当 Al$_2$O$_3$ 含量为 9.5%，Fe/SiO$_2$ 质量比为 0.75~1.5，温度在 1150~1350℃范围内变化时，炉渣组成均处于相图液相区内，即在此条件下可保证熔炼过程顺利进行。由图 5-4 可见，当 Al$_2$O$_3$ 含量为 9.5%，Fe/SiO$_2$ 质量比为 0.15~0.45，温度在 1150~1350℃ 范围内变化时，炉渣组分只有在较高温度时才会处于相图液相区内。同时还可发现，在此条件下炉渣液相线分布较为密集，即炉渣组成在较小范围内变化对炉渣熔化温度影响较大。此时，该渣型范围不适合用于实际熔炼。由图 5-5 可见，固定 Al_2O_3 含量为 9.5%，Fe/SiO_2 质量比在 1.6~3.0 范围内变化时，炉渣的液相区域面积受温度影响较大，这是因为随着 Fe/SiO_2 较大时，炉渣中的 FeO 含量过高，没有足够的 SiO_2 与炉渣中的 FeO 形成熔点较低的铁橄榄石（Fe_2SiO_4），从而导致炉渣需要更高的温度才能进一步熔化形成液相区。此外，炉渣液相区面积除了受温度影响，Al_2O_3 含量对其影响也较大，从图 5-6 可以看出，固定 Fe/SiO_2 为 1.5，当炉渣中的 Al_2O_3 含量在 5.5%~15% 范围增大时，炉渣的熔化温度逐渐升高。综上分析可知，熔炼过程 Fe/SiO_2 和 Al_2O_3 含量对熔炼过程影响较大，过高或过低均不利于熔炼过程的进行。

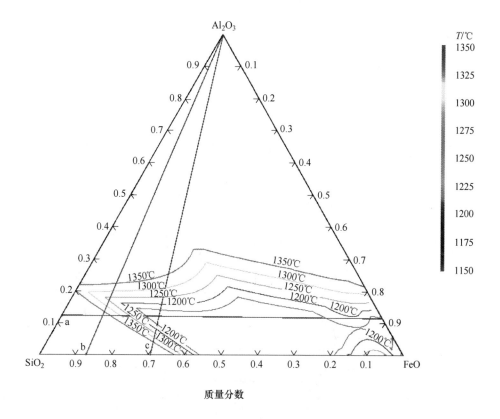

图 5-4 Fe/SiO_2 质量比为 0.15~0.45 条件下渣系相图

a—Al_2O_3 实际含量为 9.5%；b—$m(Fe)/m(SiO_2)=0.15$；c—$m(Fe)/m(SiO_2)=0.45$

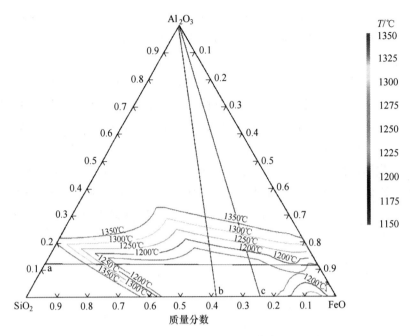

图 5-5   Fe/SiO₂ 质量比为 1.6~3.0 条件下渣系相图

a—Al₂O₃ 实际含量为 9.5%；b—$m(Fe)/m(SiO_2)$ = 1.6；c—$m(Fe)/m(SiO_2)$ = 3.0

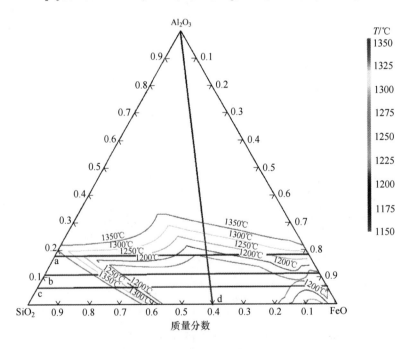

图 5-6   不同 Al₂O₃ 含量渣型示意图

a—Al₂O₃ 实际含量为 15%；b—Al₂O₃ 实际含量为 9.5%；c—Al₂O₃ 实际含量为 5.5%；d—$m(Fe)/m(SiO_2)$ = 1.5

5.3　炉渣组成对炉渣性质的影响

炉渣的性质对熔炼过程以及金属回收效果具有很大的影响，当炉渣的熔化温度较高时，熔炼过程的能耗较大，成本高。炉渣的黏度大小也是影响熔炼实验进行的重要因素，当炉渣的黏度过大时，不利于后续的渣金分离，增大有价金属以机械夹杂形式损失于渣中的可能性，从而使金属的直收率降低。炉渣成分含量对炉渣性质有较大影响，因此，可通过调控炉渣中各组分含量，将炉渣的熔化温度调至适宜范围，降低炉渣黏度，使炉渣具有较好的流动性。本书将通过 FactSage 软件计算 CaO 含量、Fe/SiO$_2$ 质量比和 MgO 含量对炉渣熔化温度、黏度及对炉渣液相区变化规律的影响。

5.3.1　CaO 含量对炉渣熔化温度和黏度的影响

固定 Fe/SiO$_2$ 质量比为 1.05，Al$_2$O$_3$ 和 MgO 含量分别为 5.5%、1.5%，探究 CaO 含量对炉渣熔化温度和黏度的影响，结果如图 5-7 所示。由图 5-7 可见，随着 CaO 含量从 9.5% 增大到 17.5%，炉渣的熔化温度先从 1105.7℃ 降低至 1078.67℃ 后升高至 1153.91℃。这是因为随着炉渣中的 CaO 含量不断增多，CaO 会和炉渣中的 Al$_2$O$_3$、SiO$_2$ 等形成低熔点的钙铝硅酸盐，从而导致炉渣熔化温度在 CaO 含量增大的初期呈现下降的趋势。随着 CaO 含量进一步增加，炉渣中的 CaO 呈现出过饱和的状态，此时，炉渣中会形成高熔点的硅酸钙等物质，导致炉渣熔化温度在 CaO 含量进一步增加时呈现上升的趋势[11]。因此，炉渣中的 CaO 含量不宜过大。

图 5-8 所示为渣中 CaO 含量对炉渣黏度的影响。由图 5-8 可见，在温度处于 1200~1350℃ 时，CaO 含量从 9.5% 升至 17.5%，炉渣的黏度呈下降趋势，且在此条件下，炉渣的黏度不大于 0.35Pa·s，此时炉渣的黏度较低，具有较好的流动性，有利于减少金属的机械夹杂提高金属直收率，适合熔炼试验的开展。从图 5-8 还可看出，炉渣黏度随着 CaO 含量增大而降低，这是因为高温促进 CaO 分解，降低 Ca—O 结构的聚合程度，增加渣中游离态的 O^{2-}，导致 SiO$_2$ 的网状结构被破坏，形成结构简单的单、双面体形式，该结构的炉渣流动性好，稳定性差，因此，炉渣黏度在 CaO 含量增加的情况下呈现出下降的趋势[12]。

5.3.2　Fe/SiO$_2$ 质量比对炉渣熔化温度和黏度的影响

固定 CaO 含量为 14.5%，MgO 含量为 1.5%，采用 FactSage 软件中 Equilib 模块模拟计算不同 Fe/SiO$_2$（0.75、0.85、0.95、1.05、1.15、1.25）及 Al$_2$O$_3$ 含量（3.5%、5.5%、7.5%、9.5%）条件对炉渣的熔化温度的影响，其结果如

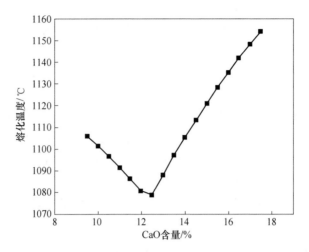

图 5-7 CaO 含量对炉渣熔化温度的影响

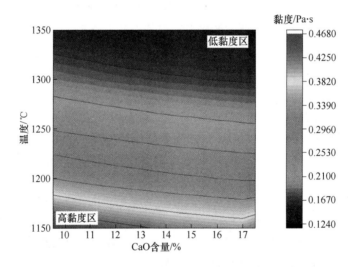

图 5-8 CaO 含量对炉渣黏度的影响

图 5-9 所示。由图 5-9 可见，在不同 Al_2O_3 含量时，随着炉渣 Fe/SiO_2 质量比的增大，炉渣的熔化温度都会逐渐上升，从图中低温区进入到高温区。并且，随着 Al_2O_3 含量不断增加，Fe/SiO_2 质量比变化对炉渣熔化温度影响增大，当 Al_2O_3 含量为 3.5%，Fe/SiO_2 质量比为 0.75 时，炉渣熔化温度为 1086.93℃，当 Fe/SiO_2 质量比增大到 1.25 时，此时炉渣熔化温度为 1188.46℃，熔化温度提高了 101.53℃。当 Al_2O_3 含量为 9.5%，Fe/SiO_2 质量比的变化对炉渣温度影响更大，当 Fe/SiO_2 质量比从 0.75 增大到 1.25 时，炉渣的熔化温度从 1076.73℃ 上升至 1202.37℃，提高了 125.64℃。

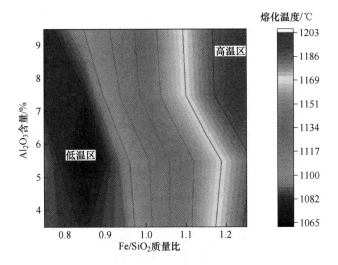

图 5-9 Fe/SiO₂ 质量比对炉渣熔化温度的影响

炉渣中的 FeO、SiO₂ 的熔点分别为 1369℃、1723℃，在高于 990℃ 时，FeO 和 SiO₂ 会生成熔点更低的 2FeO·SiO₂，当随着 Fe/SiO₂ 质量比的不断增大，炉渣中 FeO 不断增多，没有足够的 SiO₂ 与 FeO 结合形成低熔点物质，从而导致炉渣熔化温度随着 Fe/SiO₂ 质量比的增大而升高[13]。当 Al₂O₃ 含量较少时，Fe/SiO₂ 的增大对炉渣熔化温度影响更小是因为炉渣中有较多 SiO₂ 可以和 FeO 结合形成低熔点的 2FeO·SiO₂，减小了 FeO 含量增大对炉渣熔化温度的影响[14]。

固定 CaO 含量为 14.5%，MgO 含量为 1.5%，采用 FactSage 软件模拟计算不同 Fe/SiO₂ 质量比（0.75、0.85、0.95、1.05、1.15、1.25）在不同温度下（1150℃、1200℃、1250℃、1300℃）对炉渣黏度的影响，其结果分别如图 5-10~图 5-13 所示。不同温度下，炉渣的黏度均随着 Fe/SiO₂ 质量比的增大而降低。当温度升高，炉渣低黏度区不断扩大，Fe/SiO₂ 质量比的变化在温度高时对炉渣黏度影响小于温度低时。当温度为 1150℃ 时，不同 Al₂O₃ 含量下，Fe/SiO₂ 质量比的增大会导致炉渣黏度不断减小，此时，炉渣黏度基本处于高黏度区，最高黏度能达到 0.812Pa·s，且该条件下炉渣黏度大部分大于 0.45Pa·s。由图 5-11 可见，温度为 1200℃ 时，不同 Al₂O₃ 含量下，当 Fe/SiO₂ 质量比大于 0.85 时，炉渣黏度基本小于 0.5Pa·s，此时炉渣流动性较好，利于熔炼过程的进行。当温度升高至 1300℃ 时，炉渣黏度变化如图 5-13 所示，此时炉渣黏度大部分处于低黏度区，炉渣黏度基本均小于 0.35Pa·s，虽然此时炉渣黏度较低，但所需的熔炼温度过高，会增大熔炼过程能耗。

综上可知，炉渣黏度会随着 Fe/SiO₂ 的增大而下降，是因为随着 Fe/SiO₂ 质量比的增大，炉渣中 FeO 含量增大，FeO 和 SiO₂ 结合破坏 SiO₂ 稳定的网状结构，从而导致炉渣黏度逐渐下降[15]。为保证后续熔炼实验的顺利进行，应保证炉渣黏度低于 0.5Pa·s，且炉渣的理论熔化温度应低于 1200℃。因此，实际熔炼炉渣中 Fe/SiO$_2$ 质量比应小于 1.15，Al$_2$O$_3$ 含量不大于 9.5%。

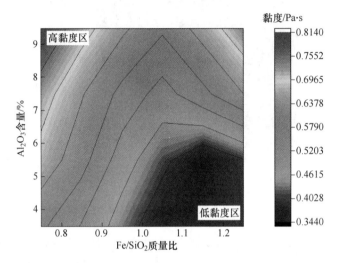

图 5-10　1150℃下不同 Fe/SiO$_2$ 质量比对炉渣黏度的影响

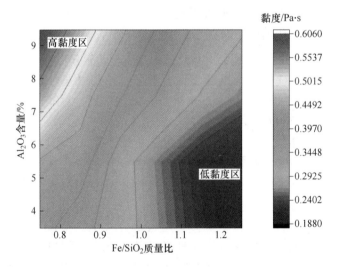

图 5-11　1200℃下不同 Fe/SiO$_2$ 质量比对炉渣黏度的影响

5.3.3　MgO 含量对炉渣熔化温度和黏度的影响

固定 Fe/SiO$_2$ 质量比为 1.05，CaO 含量为 14.5%，Al$_2$O$_3$ 含量为 5.5% 时，计算在不同 MgO 含量（1%~5%）对炉渣的熔化温度和黏度的影响，其结果如

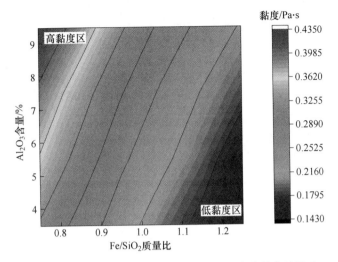

图 5-12   1250℃ 下不同 Fe/SiO₂ 质量比对炉渣黏度的影响

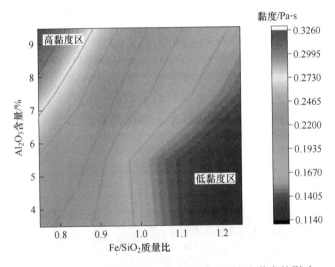

图 5-13   1300℃ 下不同 Fe/SiO₂ 质量比对炉渣黏度的影响

图 5-14 所示。由图 5-14 可见,随着渣中 MgO 含量从 1% 增加至 5%,炉渣的熔化温度由 1108.89℃ 升至 1157.43℃,这是因为随着 MgO 含量的增加,MgO 会和炉渣中的 Al_2O_3、FeO 等结合形成熔点高的尖晶石相($MgAl_2O_4$)和橄榄石相($(Mg,Fe)_2SO_4$),且炉渣中熔点较低的斜辉石相($Mg_2Si_2O_6$)的量随着 MgO 含量增加而不断减少。因此,随着 MgO 含量增加,炉渣的熔化温度不断升高,但在 MgO 含量处于 1%~5% 范围内,炉渣熔化温度都小于 1200℃,有利于熔炼实验的开展。

炉渣黏度受 MgO 含量影响情况如图 5-15 所示。由图可见，在 1150℃时，炉渣黏度随着炉渣中 MgO 含量的增大先降低后增大。在温度处于 1200~1350℃ 范围内，炉渣黏度随着 MgO 含量增大而缓慢减小。这是因为炉渣中的 MgO 在高温熔融状态下会解离出 O^{2-}，从而破坏炉渣中 Al_2O_3、SiO_2 等复杂的网状结构，降低炉渣的黏度[16-17]。当温度大于 1200℃时，炉渣的黏度均小于 0.3Pa·s，有利于渣金分离，提高金属收率。

结合废旧电路板和水淬渣的成分含量可知，MgO 的含量处于 1.5%左右，通过计算结果可知，在 MgO 含量处于 1.5%时，炉渣的理论熔化温度为 1113.25℃。在温度 1150~1350℃范围内，炉渣的理论黏度都不大于 0.45Pa·s。因此，后续无须再调节 MgO 在炉渣中的含量。

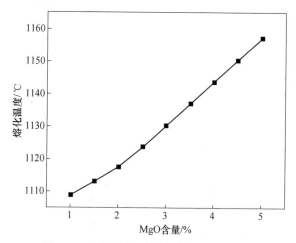

图 5-14　MgO 含量对炉渣熔化温度的影响

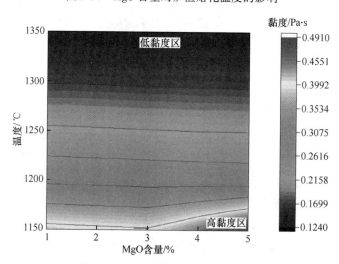

图 5-15　MgO 含量对炉渣黏度的影响

5.3.4 Al_2O_3 含量对炉渣熔化温度及黏度的影响

为探究 Al_2O_3 含量对熔化温度的影响，设定炉渣中 Fe/SiO_2 质量比为 1.05，CaO/SiO_2 质量比为 0.55，利用 FactSage 计算 Al_2O_3 含量在 3.5%~9.5%范围内的熔化温度大小，结果如图 5-16 所示。Al_2O_3 含量在 3.5%~9.5%的范围内，炉渣的熔化温度是随着 Al_2O_3 含量的增大而逐渐升高的，Al_2O_3 含量从 3.5%增加至 9.5%，炉渣的熔化温度从 1130.82℃升高至 1158.1℃，升高了 28.28℃。造成这种现象的原因是 Al_2O_3 会与炉渣中的其他组分发生反应生成较高熔点的 $CaO \cdot Al_2O_3$、$2CaO \cdot Al_2O_3 \cdot SiO_2$ 等化合物，随着 Al_2O_3 的增多，炉渣的熔化温度逐渐升高[8-9]。Al_2O_3 含量低于 9.5%时，炉渣的熔化温度均低于 1200℃，有利于熔炼过程的进行。

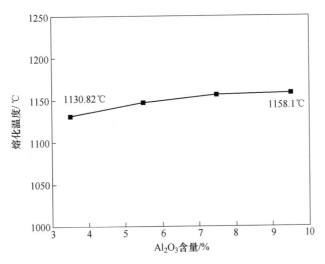

图 5-16 Al_2O_3 含量对炉渣熔化温度的影响

固定炉渣中 Fe/SiO_2 质量比为 1.05，CaO/SiO_2 质量比为 0.55，探究 Al_2O_3 含量对炉渣黏度的影响，计算结果如图 5-17 所示。在各温度下，增大炉渣中 Al_2O_3 含量将会导致炉渣的黏度不断增大。温度越低，这种影响程度越大。在 1150℃时，炉渣中 Al_2O_3 含量为 3.5%，炉渣的黏度为 0.36Pa·s；炉渣中 Al_2O_3 含量为 9.5%时，炉渣的黏度为 0.59Pa·s。在 1350℃时，炉渣中 Al_2O_3 含量为 3.5%，炉渣的黏度为 0.12Pa·s；炉渣中 Al_2O_3 含量为 9.5%时，炉渣的黏度为 0.16Pa·s。温度在 1200℃以上，Al_2O_3 含量在 3.5%~9.5%的范围内，炉渣的黏度小于 0.4Pa·s，但随着炉渣中 Al_2O_3 的增加，炉渣的黏度逐渐升高，造成这种现象的原因是，Al_2O_3 会与炉渣中的其他组分发生反应生成较高熔点的 $CaO \cdot Al_2O_3$、$2CaO \cdot Al_2O_3 \cdot SiO_2$ 等化合物。随着 Al_2O_3 的增多，炉渣的黏度会逐渐增大，因此必须要控制炉渣中 Al_2O_3 的含量，确保炉渣黏度较低，能实现炉渣与金属相的良好分离。

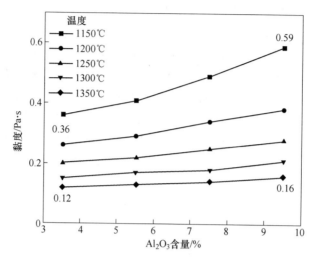

图 5-17 Al_2O_3 含量对炉渣黏度的影响

5.4   炉渣组成对炉渣液相区的作用规律

5.4.1   CaO 含量对炉渣液相区的作用规律

通过前述研究 CaO 含量对炉渣性质的影响可知，CaO 含量对炉渣黏度、熔化温度及炉渣的熔化量具有较大影响。因此，有必要研究 CaO 含量对炉渣液相区的作用规律。图 5-18 所示为不同温度不同 CaO 含量下炉渣液相区相图，其中 CaO 含量分别为 9.5%、12%、14.5%、17%。由图可见，升高温度会导致液相区逐步扩大。同一温度下，炉渣中 CaO 含量不断增加，炉渣液相区也随之增大。这是因为 CaO 的加入会与渣中其他造渣成分形成低熔点化合物，进而使炉渣的液相区域扩大。

当温度为 1150℃时，炉渣液相区的变化受 CaO 含量的影响如图 5-19 所示。随着 CaO 含量的增加，液相区朝着 SiO_2 顶点以及 SiO_2-Al_2O_3 边方向移动，这是由于炉渣中的 CaO、Al_2O_3 和 SiO_2 结合形成钙铝硅酸盐（$CaAl_2Si_2O_8$）并进入液相，且随着炉渣中的 CaO 含量不断增多，炉渣中的 SiO_2 逐步进入液相区域，导致炉渣的液相区不断朝着 SiO_2 顶点方向移动。

随着温度的升高，相同 CaO 含量条件下，炉渣的液相区不断增大。温度的升高导致液相区向着 FeO 顶点和 SiO_2-Al_2O_3 边扩大，如图 5-20 所示，在 1200℃时，炉渣中的 FeO 与 Al_2O_3 形成铁铝氧化物（$FeAl_2O_4$），当温度升高时进入炉渣的液相区域。当温度升至 1250℃ 时，炉渣液相区变化如图 5-21 所示，炉渣的液相区面积显著扩大，在此条件下，有利于熔炼实验的进行。当温度升至 1300℃ 时，炉渣液相区变化如图 5-22 所示，炉渣液相区面积进一步增大，但此时熔炼能耗和实验成本会大大提高。

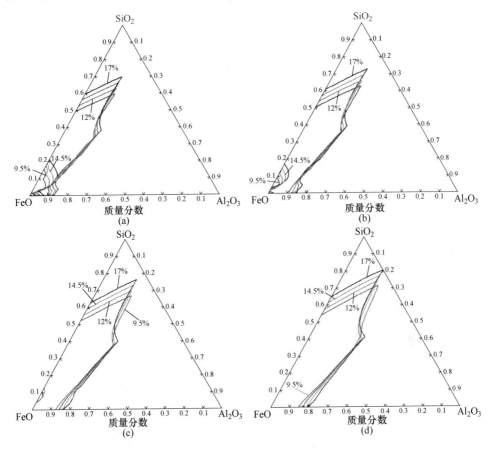

图 5-18 不同温度时不同 CaO 含量的液相区域图

(a) 1150℃；(b) 1200℃；(c) 1250℃；(d) 1300℃

5.4.2 MgO 含量对炉渣液相区的作用规律

为探究 MgO 含量对炉渣液相区的作用规律，固定 Al_2O_3 含量为 5.5%，不同温度下，绘制 MgO 含量在 1.5%、3.5%、5.5% 下的炉渣液相区相图，其结果如图 5-23 所示。从图中可以看出，随着温度升高，炉渣液相区域显著扩大。不同温度下随着 MgO 含量增加，炉渣的液相区逐渐减小，并整体朝着 Al_2O_3-SiO_2 边移动。

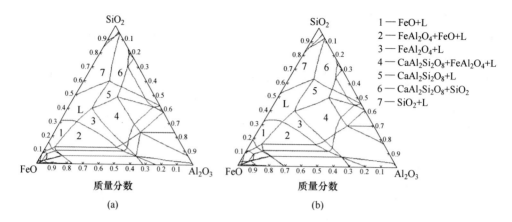

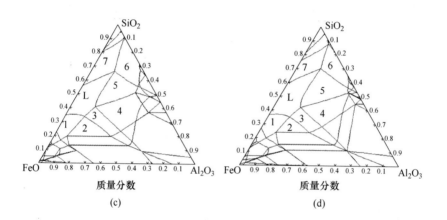

图 5-19　1150℃温度时不同 CaO 含量的渣系相图
（a）9.5%；（b）12%；（c）14.5%；（d）17%

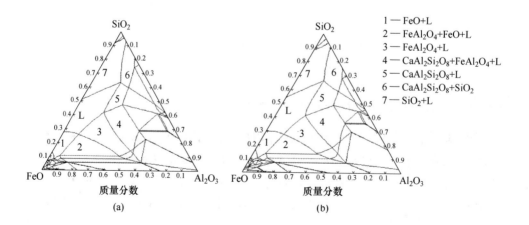

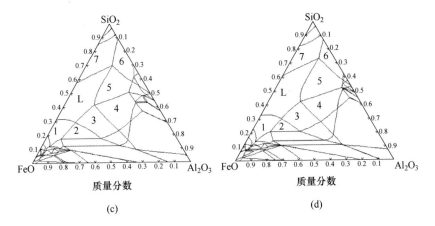

图 5-20 1200℃温度时不同 CaO 含量的渣系相图

(a) 9.5%；(b) 12%；(c) 14.5%；(d) 17%

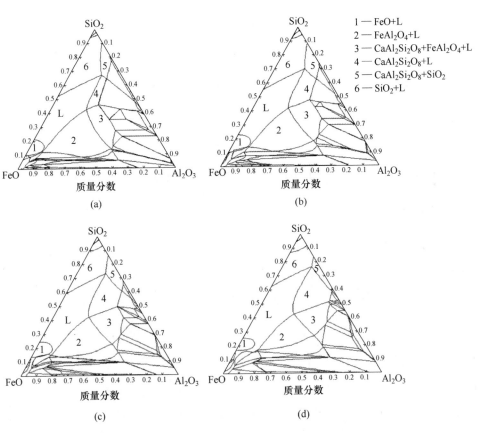

1 — FeO+L
2 — FeAl$_2$O$_4$+L
3 — CaAl$_2$Si$_2$O$_8$+FeAl$_2$O$_4$+L
4 — CaAl$_2$Si$_2$O$_8$+L
5 — CaAl$_2$Si$_2$O$_8$+SiO$_2$
6 — SiO$_2$+L

图 5-21 1250℃温度时不同 CaO 含量的渣系相图

(a) 9.5%；(b) 12%；(c) 14.5%；(d) 17%

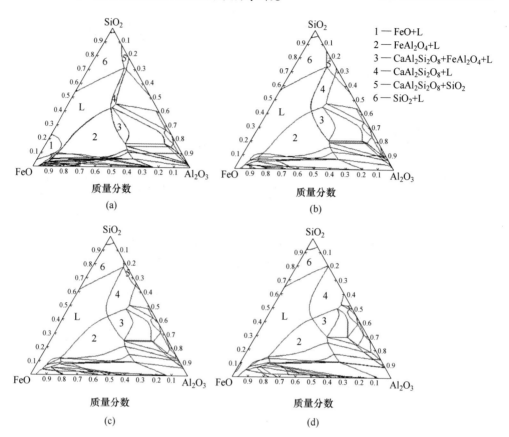

1 — FeO+L
2 — FeAl$_2$O$_4$+L
3 — CaAl$_2$Si$_2$O$_8$+FeAl$_2$O$_4$+L
4 — CaAl$_2$Si$_2$O$_8$+L
5 — CaAl$_2$Si$_2$O$_8$+SiO$_2$
6 — SiO$_2$+L

图 5-22 1300℃温度时不同 CaO 含量的渣系相图
（a）9.5%；（b）12%；（c）14.5%；（d）17%

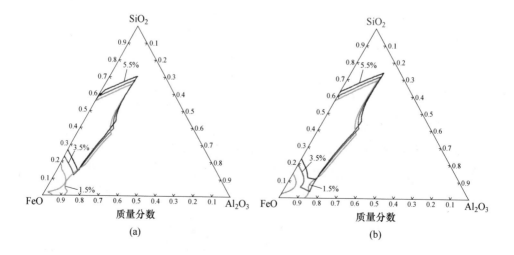

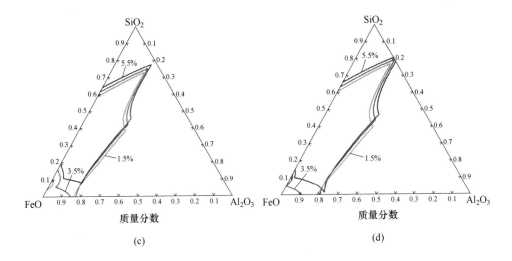

图 5-23　不同温度时不同 MgO 含量的液相区域图

（a）1150℃；（b）1200℃；（c）1250℃；（d）1300℃

绘制了不同温度下，不同 MgO 含量（1.5%、3.5%、5.5%）下的渣系相图，情况如图 5-24～图 5-27 所示。在不同温度下，随着 MgO 含量的增大，液相区域都呈现向 SiO_2-Al_2O_3 边移动的趋势。当温度为 1150℃ 时，液相区域面积整体不大，随着 MgO 含量增大，炉渣中的 $CaAl_2Si_2O_8$ 和 SiO_2 逐渐熔化进入液相，从而使液相区域向 SiO_2-Al_2O_3 边移动。随着温度增大，液相区域面积不断增大，由图 5-26 可见，随着 MgO 含量从 1.5% 增大到 5.5%，MgO 和炉渣中 Al_2O_3 形成的高熔点 $MgAl_2O_4$ 相稳定区逐渐增大，从而导致炉渣的液相区缩小。并且，炉渣中的 $CaAl_2Si_2O_8$ 和 SiO_2 逐渐熔化进入液相，使液相区域向 SiO_2-Al_2O_3 边移动。

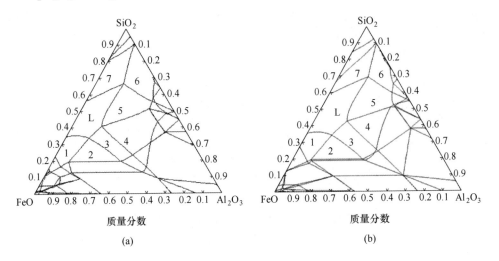

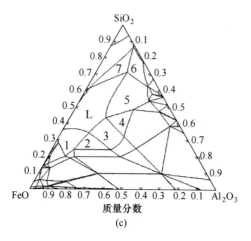

1 — FeO+L
2 — FeAl$_2$O$_4$+FeO+L
3 — FeAl$_2$O$_4$+L
4 — CaAl$_2$Si$_2$O$_8$+FeAl$_2$O$_4$+L
5 — CaAl$_2$Si$_2$O$_8$+L
6 — CaAl$_2$Si$_2$O$_8$+SiO$_2$
7 — SiO$_2$+L

图 5-24　1150℃下不同 MgO 含量渣系组成相图

（a）$w(MgO)=1.5\%$；（b）$w(MgO)=3.5\%$；（c）$w(MgO)=5.5\%$

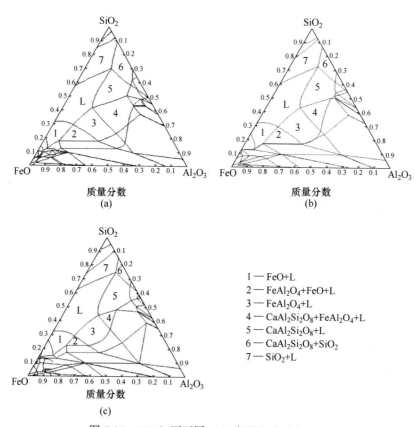

1 — FeO+L
2 — FeAl$_2$O$_4$+FeO+L
3 — FeAl$_2$O$_4$+L
4 — CaAl$_2$Si$_2$O$_8$+FeAl$_2$O$_4$+L
5 — CaAl$_2$Si$_2$O$_8$+L
6 — CaAl$_2$Si$_2$O$_8$+SiO$_2$
7 — SiO$_2$+L

图 5-25　1200℃下不同 MgO 含量渣系组成相图

（a）$w(MgO)=1.5\%$；（b）$w(MgO)=3.5\%$；（c）$w(MgO)=5.5\%$

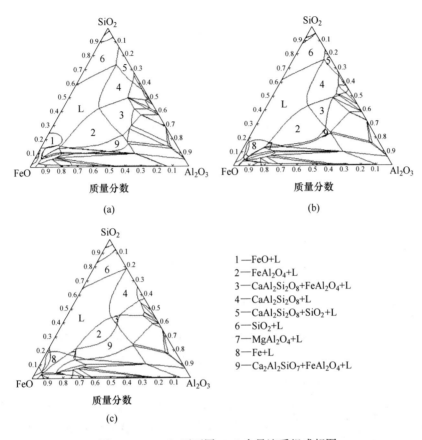

1—FeO+L
2—FeAl$_2$O$_4$+L
3—CaAl$_2$Si$_2$O$_8$+FeAl$_2$O$_4$+L
4—CaAl$_2$Si$_2$O$_8$+L
5—CaAl$_2$Si$_2$O$_8$+SiO$_2$+L
6—SiO$_2$+L
7—MgAl$_2$O$_4$+L
8—Fe+L
9—Ca$_2$Al$_2$SiO$_7$+FeAl$_2$O$_4$+L

图 5-26　1250℃下不同 MgO 含量渣系组成相图
（a）w(MgO)= 1.5%；（b）w(MgO)= 3.5%；（c）w(MgO)= 5.5%

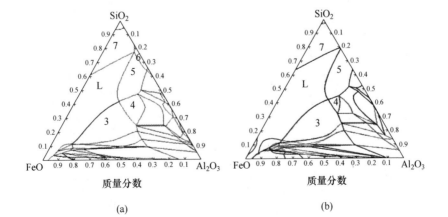

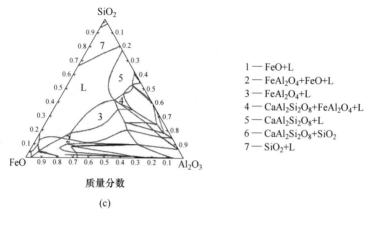

1 — FeO+L
2 — FeAl$_2$O$_4$+FeO+L
3 — FeAl$_2$O$_4$+L
4 — CaAl$_2$Si$_2$O$_8$+FeAl$_2$O$_4$+L
5 — CaAl$_2$Si$_2$O$_8$+L
6 — CaAl$_2$Si$_2$O$_8$+SiO$_2$
7 — SiO$_2$+L

(c)

图 5-27　1300℃下不同 MgO 含量渣系组成相图
(a) $w(MgO)=1.5\%$；(b) $w(MgO)=3.5\%$；(c) $w(MgO)=5.5\%$

5.4.3　Al$_2$O$_3$ 含量对炉渣液相区的影响

渣中 Al$_2$O$_3$ 的含量也对 FeO-SiO$_2$-CaO-Al$_2$O$_3$-1.5%MgO 渣系的液相区域产生极大的影响，图 5-28 ~ 图 5-32 所示为不同温度下及不同 Al$_2$O$_3$ 含量（3.5%、5.5%、7.5%、9.5%）的渣系相图。

由图 5-28 可知，随着温度的升高，炉渣的液相区域的面积逐渐扩大，在不同温度下，Al$_2$O$_3$ 含量对相图液相区的影响较大，随着 Al$_2$O$_3$ 含量的增加，相图中的液相区整体呈现减小的趋势，这部分液相区随着 Al$_2$O$_3$ 含量的增加逐渐向远离 FeO 顶点，并且逐渐靠近 CaO-SiO$_2$ 边。

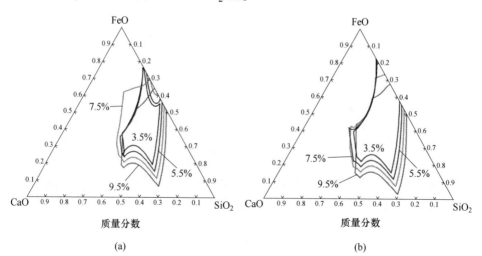

(a)　　　　　　　　　　　　　　　(b)

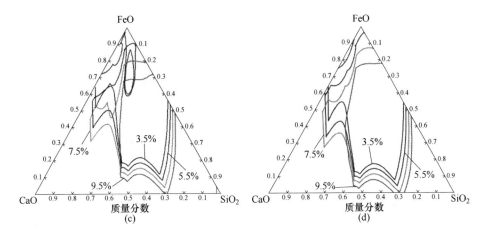

图 5-28　各温度下不同 Al_2O_3 含量炉渣相图

（a）1150℃；（b）1200℃；（c）1250℃；（d）1300℃

在 1150℃ 时，Al_2O_3 对液相区的影响如图 5-29 所示。相图中部靠近 FeO-SiO_2 位置出现小区域液相区，此时液相区域的面积较小，主要靠近 FeO-SiO_2 边，

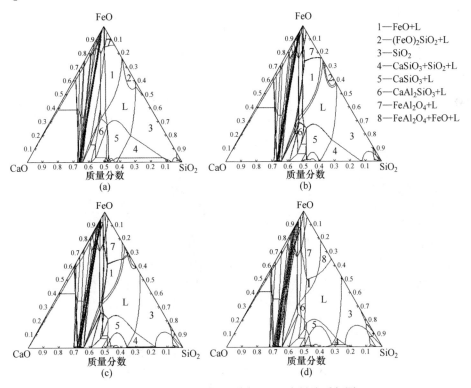

图 5-29　1150℃温度下不同 Al_2O_3 含量渣系相图

（a）3.5%；（b）5.5%；（c）7.5%；（d）9.5%

此时伴随着 Al_2O_3 含量的增大，炉渣的液相区域逐渐向 SiO_2 顶角和 CaO-SiO_2 边偏移。这主要是因为炉渣中的 $CaSiO_3$、SiO_2、CaO 等物质与 Al_2O_3 结合形成钙铝硅酸盐（$CaAl_2SiO_3$），炉渣中 Al_2O_3 含量的增加会使得钙铝硅酸盐的稳定区不断增大，$CaSiO_3$、SiO_2、CaO 等物质稳定区减小，从而导致液相区的面积减小，并且向 CaO-SiO_2 方向移动。炉渣中 FeO 也会与 Al_2O_3 结合生成 $FeAl_2O_4$，导致相图的液相区朝远离 FeO 顶点方向偏移。

温度升高，相图中的液相范围逐渐增大，并且主要向 FeO 方向和 CaO-SiO_2 边扩大。如图 5-30 所示，在 1200℃ 下，炉渣中 Al_2O_3 会与炉渣中的其他成分结合生成 $FeAl_2O_4$、$Ca_2Al_2SiO_7$ 等物质，炉渣中的 CaO、SiO_2 也会形成各种硅酸盐。此时炉渣中的 Al_2O_3 的增加虽然会导致炉渣的液相区向 SiO_2 方向偏移，但由于此时温度较低，液相区总体面积较小，Al_2O_3 对液相区的影响不是十分明显。

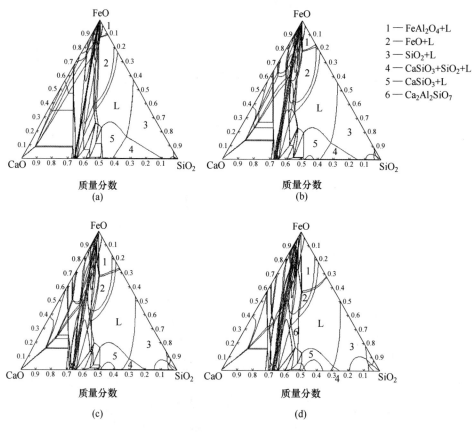

图 5-30 1200℃ 温度下不同 Al_2O_3 含量渣系相图

（a）3.5%；（b）5.5%；（c）7.5%；（d）9.5%

温度在 1250℃ 之下，炉渣的液相区域较小，炉渣的液相区域随着温度的升高而不断扩张。当温度达到1250℃时，相图中出现的液相区较大，此时适宜熔炼的渣型选择范围较大，有利于熔炼过程的控制。如图5-31所示，在1250℃下相图中开始出现大块液相区，炉渣中 Al_2O_3 含量对液相区域的影响较为明显。当炉渣中 Al_2O_3 含量为3.5%，相图中靠近 FeO 顶点处出现小块 $Ca_2Al_2SiO_7$ 和 $FeAl_2O_3$ 稳定区，随着 Al_2O_3 含量的增加，$Ca_2Al_2SiO_7$ 和 $FeAl_2O_3$ 的稳定区逐步增大，当 Al_2O_3 含量增大至9.5%，相图中部出现大块的 $CaAl_2SiO_3$ 稳定区，这导致炉渣的液相区逐渐减小，并向远离 FeO 顶点的方向移动。

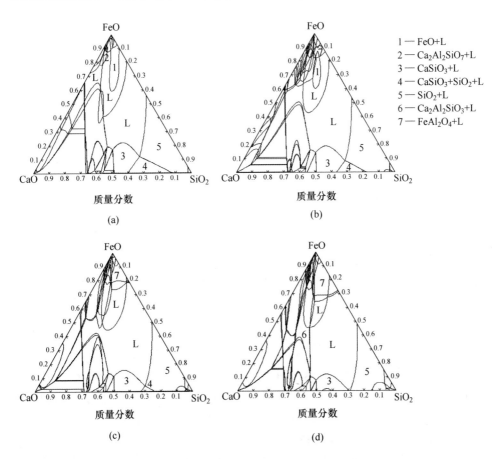

图 5-31 1250℃温度下不同 Al_2O_3 含量渣系相图

(a) 3.5% ; (b) 5.5%; (c) 7.5%; (d) 9.5%

随着温度的增加，炉渣中的液相区域虽有所增大，但由于炉渣中的低熔点化合物基本熔化，其增大的趋势较小。如图5-32所示，温度在1300℃时，随着 Al_2O_3 含量的增加，相图中逐渐出现钙铝硅酸盐和铝酸盐的稳定区，并随着 Al_2O_3 增加，其稳定区逐渐增大，导致相图中液相区域逐渐减小。

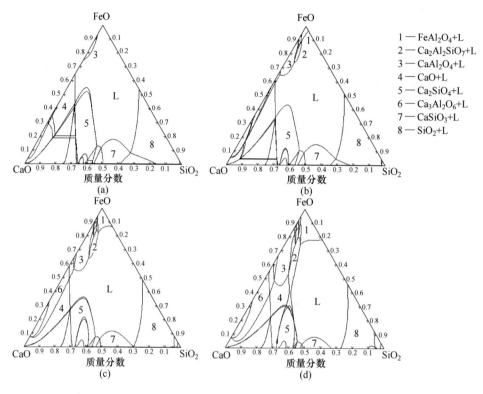

图 5-32 1300℃温度下不同 Al_2O_3 含量渣系相图

(a) 3.5%；(b) 5.5%；(c) 7.5%；(d) 9.5%

5.5 本 章 小 结

(1) 采用 FactSage 软件计算了 CaO 含量、Fe/SiO_2 质量比、MgO 含量对炉渣熔化温度和黏度的影响。随着 CaO 含量从 9.5% 增大到 17.5%，炉渣的熔化温度先从 1105.7℃ 降低至 1078.67℃ 后升高至 1153.91℃。在 1150~1300℃ 范围内，炉渣黏度随着 CaO 含量增大而降低。Fe/SiO_2 质量比的增大会导致炉渣的熔化温度逐渐上升，黏度逐渐降低。MgO 含量从 1% 增加至 5%，炉渣的熔化温度由 1108.89℃ 升至 1157.43℃，炉渣黏度缓慢减小，温度高于 1200℃ 时，炉渣黏度均低于 0.5Pa·s。

(2) 通过 FactSage 软件绘制了不同 CaO 含量和 MgO 含量下的渣系相图，探究不同 CaO 含量和 MgO 含量对炉渣液相区的作用规律，结果表明，随着 CaO 含量的增大，炉渣液相区域逐渐向 SiO_2 顶点及 SiO_2-Al_2O_3 边移动。随着 MgO 含量增大，炉渣液相区逐渐缩小。炉渣的熔化温度和黏度随着 Al_2O_3 含量的增大而不断增大。

（3）结合理论计算结果和原料成分含量可知，后续废旧电路板高温熔炼过程的较优渣型应控制为：Fe/SiO_2 质量比在 0.75~1.15 之间，CaO 含量在 9.5%~17.5% 之间，MgO 含量为 1.5%，Al_2O_3 含量小于 9.5% 时。

参 考 文 献

[1] PARK H S, PARK S S, SOHN I. The viscous behavior of FeO_t-Al_2O_3-SiO_2 copper smelting slags [J]. Metallurgical and Materials Transactions B, 2011, 42 (4): 692-699.

[2] NAKAMOTO M, TANAKA T, LEE J, et al. Evaluation of viscosity of molten SiO_2-CaO-MgO-Al_2O_3 slags in blast furnace operation [J]. ISIJ International, 2004, 44 (12): 2115-2119.

[3] SAKAI T, IP S W, TOGURI J M. Interfacial phenomena in the liquid copper-calcium ferrite slag system [J]. Metallurgical and Materials Transactions B, 1997, 28 (3): 401-407.

[4] 李强, 秦树辰, 郑朝振, 等. 高品位氧化铜矿熔炼渣型优化实验研究 [J]. 矿冶, 2021, 30 (4): 79-84.

[5] 郭键柄, 陈正, 黄文, 等. 顶吹炉处理废旧电路板的渣型理论研究 [J]. 有色金属 (冶炼部分), 2021 (11): 15-20.

[6] 颜根发. 转炉冶炼前期最佳 FeO 含量的理论探讨 [C] //第十六届全国炼钢学术会议论文集, 2010: 98-103.

[7] 刘风华, 黄文, 丁勇, 等. 富氧顶吹熔池熔炼处理废线路板初探 [J]. 有色金属 (冶炼部分), 2019 (9): 92-96.

[8] HARVEY J P, LEBREUX-DESILETS F, MARCHAND J, et al. On the Application of the FactSage thermochemical software and databases in materials science and pyrometallurgy [J]. Processes, 2020, 8 (9): 1156.

[9] JUNG I H, VAN ENDE M A. Computational thermodynamic calculations: FactSage from CALPHAD thermodynamic database to virtual process simulation [J]. Metallurgical and Materials Transactions B, 2020, 51 (5): 1851-1874.

[10] BALE C W, CHARTRAND P, DEGTEROV S A. FactSage thermochemical software and datebases [J]. Calphad-computer Coupling of Phase Diagrams & Thermochemistry, 2009, 33 (2): 295-311.

[11] SIAFAKAS D, MATSUSHITA T, JARFORS A E W, et al. Viscosity of SiO_2-CaO-Al_2O_3 slag with low silica-influence of CaO/Al_2O_3, SiO_2/Al_2O_3 ratio [J]. ISIJ International, 2018, 58 (12): 2180-2185.

[12] GE Z, KONG L, BAI J, et al. Effect of CaO/Fe_2O_3 ratio on slag viscosity behavior under entrained flow gasification conditions [J]. Fuel, 2019, 258: 116129.

[13] 解巍, 宿成, 董方. 高炉炉渣成分对炉料黏度的影响研究 [J]. 内蒙古科技大学学报, 2016, 35 (2): 148-151.

[14] 宋金. 直岛冶炼厂三菱炼铜法中磁性氧化铁行为的控制 [J]. 中国有色冶金, 2005, 36 (6): 9-13.

[15] SANTHY K, SOWMYA T, SANKARANARAYANAN S R. Effect of oxygen to silicon ratio on the viscosity of metallurgical slags [J]. ISIJ International, 2005, 45 (7): 1014-1018.

[16] 何环宇, 王庆祥, 曾小宁. MgO 含量对高炉炉渣黏度的影响 [J]. 钢铁研究学报, 2006, 18 (6): 11-13.

[17] 茅沈栋, 杜屏. 降低 MgO 含量对高炉渣黏度和熔化性温度的影响 [J]. 钢铁研究学报, 2015, 27 (9): 33-38.

6 废旧电路板高温富氧顶吹熔炼试验

6.1 概　述

由于氧气浓度、氧气量会影响高温富氧顶吹熔炼过程废旧电路板中 Fe、Al 氧化进渣效果，不同 CaO 含量、Fe/SiO$_2$ 的不同将会影响炉渣黏度和炉渣熔化温度等[1]，从而影响 Cu、Ni、Sn、Ag、Au 等有价金属的直收率。因此，基于前期废旧电路板高温熔炼过程热力学研究进行熔炼实验，详细实验步骤见 3.4.2 节。熔炼实验探索富氧浓度、氧气用量、CaO 含量及 Fe/SiO$_2$ 质量比对金属回收效果的影响[2-3]，以达到有价金属最大限度地回收富集，杂质元素尽量氧化进渣的目的。

6.2 高温富氧顶吹熔炼试验

6.2.1 富氧浓度对金属回收的影响

结合前期探索实验结果及原料成分可知，在炉渣渣型在 Fe/SiO$_2$ 质量比为 1.05，CaO 含量为 14.5% 时，炉渣流动性较好且需额外添加的纯物质较少。因此，控制熔炼温度 1250℃，熔炼时间 1h，Fe/SiO$_2$ 质量比为 1.05，CaO 含量为 14.5%，澄清 40min，探究富氧浓度为 30%、40%、50%、60% 对熔炼实验的影响。

图 6-1 所示为不同富氧浓度下熔炼所得合金中各金属含量情况[4]，由图可见，合金中 Cu 的含量随着富氧浓度的升高而降低，合金中 Sn、Ni 含量也随富氧浓度升高而降低，Fe 在合金中的含量在富氧浓度不断升高的情况下占比逐渐提高。在富氧浓度为 30% 时，铜、锡、镍在合金中的含量皆为最高。随着富氧浓度的增大，熔炼所得的合金质量由 43.8g 增大至 93g，合金中铜含量由 82.8% 降低至 78.65%；合金中锡的含量随着氧浓度先逐渐降低，随后又有所增大[5]；合金中镍的含量随着氧浓度逐渐减小；合金中的 Fe 含量整体呈现增大的趋势。

图 6-2 所示为不同氧气浓度下元素分配比，由图可知，随着氧气浓度升高，有价金属分配比先增大再减小。这是因为实验固定氧气流量不变，增大富氧浓

度，富氧气体的总流量将减小，所以实验过程熔池的搅动不充分，合金中的杂质金属和有价金属未被氧化。当实验过程中富氧浓度较低时（30%），富氧气体的总流量较大，熔池被充分搅动，大量的 Fe 和金属被氧化入渣，此时熔炼所得的合金质量较小，仅有 43.8g，但合金中有价金属含量较高，Fe 含量较少。

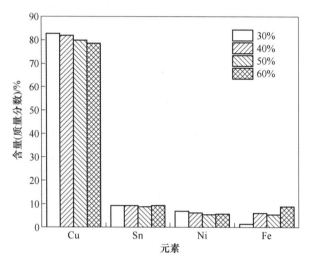

图 6-1   不同氧气浓度下合金中元素含量

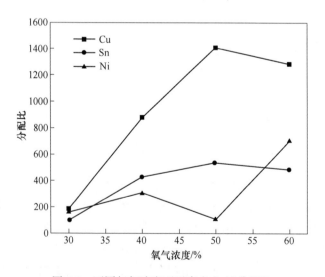

图 6-2   不同氧气浓度下元素在金-渣分配比

图 6-3 所示为不同氧气浓度对各金属直收率的影响。从图中可见，随着氧气浓度提高，Cu、Sn、Ni 的直收率都有明显提高，对不同氧气浓度实验后的炉渣成分进行检测，金属损失率如图 6-4 所示，Cu、Sn 的损失率随着氧气浓度的增大

而降低[6]。这是因为在氧气浓度较低时，氧气流速不变，而整体气流量更大，熔池搅动充分，除了使杂质元素充分氧化进渣外，部分有价金属也被氧化从而导致直收率低。而在固定氧气流速的情况下，增大氧气浓度，氮氧混合气体总流速则相应降低，熔池搅动不充分，各类金属无法与氧气充分反应，从而 Cu、Sn 损失率在氧气浓度提高时降低[7]。

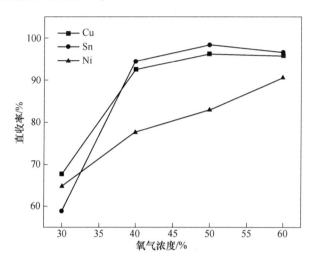

图 6-3　在不同氧气浓度下金属直收率

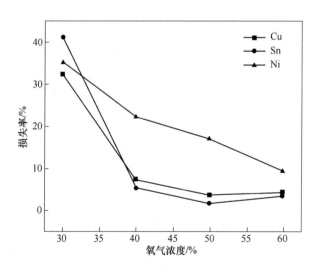

图 6-4　不同氧气浓度下的金属损失率

当实验富氧浓度增大，熔池中的杂质金属无法完全氧化。因此为了降低合金中杂质元素含量，实验过程的富氧浓度不宜过大，控制在 30% 较为适宜。

6.2.2　氧量对金属回收的影响

废旧电路板熔炼过程实质是属于氧化反应，在高温中，通过氧气的氧化作用使杂质金属尽量进渣，有价金属富集回收，由于氧量过高会使渣中 Fe_3O_4 增多，影响炉渣黏度，因此，必须合理选择氧气的量才能使熔炼实验顺利进行。

控制熔炼温度 1250℃，熔炼时间 1h，Fe/SiO_2 质量比为 1.05，CaO 含量为 14.5%，氧气浓度为 30%，通气反应时长为 60min，澄清 40min。氧气流量分别为 0.2L/min、0.4L/min、0.6L/min、0.7L/min 探究总氧量对熔炼实验的影响。

图 6-5 所示为不同氧量条件下，熔炼所得合金中各金属元素的含量变化。由图 6-5 可见，随着氧量的增大，合金中铜含量先逐渐升高，随后有所下降；合金中锡的含量显示逐渐减小，随后又有所增加；合金中镍的含量在 5%~7% 的范围内有所波动；合金中的 Fe 含量逐渐减小，熔炼所得的合金质量由 97.4g 减少至 30g，这是因为在废旧电路板中金属铜为主要成分，锡和镍含量较低，在氧化过程中氧气先将 Cu 氧化成 Cu_2O，Cu_2O 再将 O 传递给 Sn 和 Ni。增大氧量，合金中的 Cu、Sn、Ni 被大量氧化，导致合金的质量逐渐减少。当实验过程中氧量较低时，合金中的杂质逐渐被氧化，合金中的 Cu 含量逐渐增大，Sn 的含量逐渐减少[8]。当氧气流量增大至 0.7L/min 时，实验过程的氧气极大过量，合金中的铜大量损失，而合金中 Sn、Ni、Fe 的绝对量较少，相对损失较低，这导致合金中铜含量降低，Sn、Ni 含量有所增加。

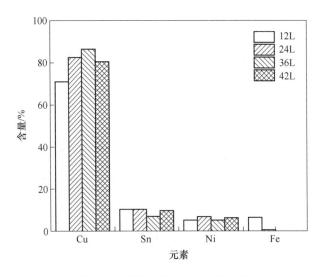

图 6-5　不同氧量合金中元素含量

图 6-6 所示为不同氧气量下各金属在合金相和渣相的分配情况。由图 6-6 可见，在氧量为 12L 时，Cu、Sn、Ni 在金属相与渣中的分配比值最大，随着氧气

量增加，Cu、Sn、Ni 的金-渣比值降低，有价金属随着氧量增加逐渐进入渣相。各金属的直收率情况如图 6-7 所示，Cu、Sn、Ni 的直收率随着氧量增加而降低。图 6-8 所示为不同氧量各金属损失率情况，由图 6-8 可见，在氧量较低时（12L），Cu、Sn、Ni 的损失率较低，随着氧量进一步增加，各金属的损失率也随之增加。这是因为氧量较低时，合金中的杂质金属消耗了氧气，随着氧量不断增加直至过量，合金中的杂质金属氧化进渣后，其他有价金属也会进行氧化反应导致进入渣相的金属量增大，从而造成各金属的损失率提高[8]。

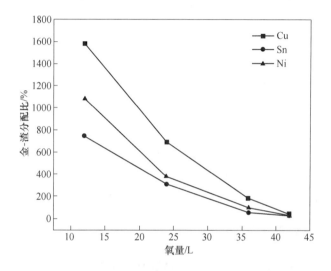

图 6-6   不同氧量下金-渣分配比

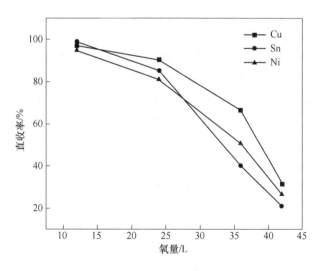

图 6-7   不同氧量金属直收率

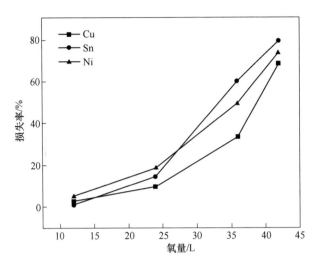

图6-8　不同氧量各金属损失率

综上所述，为了提高废旧电路板中金属的回收率，降低各金属的损失率，使Cu、Sn、Ni尽量富集到合金相中，实验过程的氧量不宜过大，控制在 0.4L/min，因此，总氧量为 24L 较为适宜。

6.2.3　CaO 含量对金属回收的影响

在 FeO-SiO_2-CaO-Al_2O_3-1.5%MgO 渣系中，CaO 含量对炉渣的性能具有很大的影响，炉渣熔化温度和炉渣黏度很大程度受 CaO 含量的不同而改变，在炉渣中其他成分不改变的情况下，炉渣黏度会随着含量的增大而降低，对于熔炼实验，渣金分离效果的好坏直接影响金属的直收率，为保证炉渣的良好流动性，促进有价金属的富集回收，探究出适宜的 CaO 添加量是必不可少的环节[9]。通过前期理论计算可知在 CaO 含量为 10.5%~16.5% 范围内，炉渣黏度低于 0.5Pa·s，炉渣流动性好，因此，试验探究范围选在 CaO 含量在 10.5%~16.5% 范围内。

控制熔炼温度 1250℃，熔炼时间 1h，Fe/SiO_2 质量比 1.05，氧气浓度为 30%，通氧量为 24L，澄清 40min，探究炉渣中 CaO 含量为 10.5%、12.5%、14.5%、16.5% 对熔炼实验的影响。

图6-9 所示为不同 CaO 含量下合金中各金属含量的变化情况。随着氧化钙含量的增大，熔炼所得的合金质量由 24g 增加到 78.88g，合金中铜含量逐渐减小；合金中锡的含量先逐渐增大，随后又有所减小；合金中镍的含量逐渐增大；合金中的 Fe 含量整体呈现增大的趋势。根据前期理论分析结果可知，铁硅比为 1.05 时，随着氧化钙含量的增大，炉渣的熔化温度逐渐增大，炉渣的黏度随着氧化钙含量的增大逐渐减小，但减小趋势较为平缓。炉渣黏度降低，有利于金属沉降汇

聚，因此金属质量会随着氧化钙含量增加而增加。在实验过程中炉渣所需的熔化温度升高会导致炉渣熔化不够充分，从而导致废旧电路板中的杂质金属氧化不彻底，熔炼所得合金中铁含量偏高。

图 6-10 所示为不同 CaO 含量下 Cu、Sn、Ni 在金属和渣中分配比的变化，随着 CaO 含量的增大，Cu、Sn、Ni 的分配比不断增大。图 6-11 所示为不同 CaO 含量下有价金属直收率的变化，由图可知，Cu、Sn、Ni 的直收率变化趋势一致，随着 CaO 含量的增大，金属直收率显著提高，相应地，各金属的损失率随着 CaO

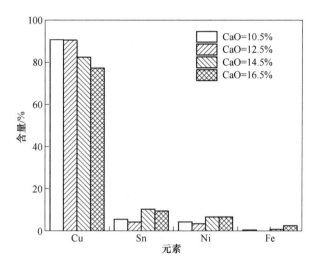

图 6-9   不同 CaO 含量下合金中各金属含量

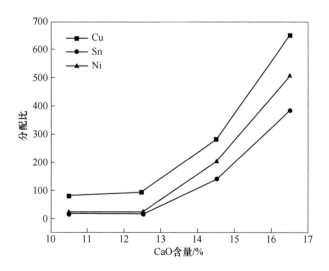

图 6-10   不同 CaO 含量下各金属金-渣分配比

含量的增大逐步下降，结果如图 6-12 所示。这是由于 CaO 含量的变化会影响炉渣黏度，影响炉渣对金属机械夹杂程度，由 FactSage 软件计算 CaO 含量与炉渣黏度关系可知，CaO 含量的增大，炉渣黏度迅速下降，在炉渣黏度较小的情况下，Cu、Sn、Ni 更少地因夹带方式入渣，有价金属主要留在合金相中，从而使金属损失率随着 CaO 含量增大而降低，有价金属的金-渣分配比和直收率逐步提高。

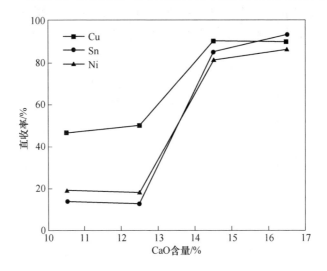

图 6-11 不同 CaO 含量下各金属直收率

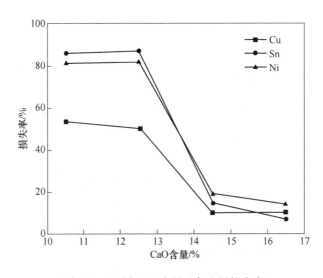

图 6-12 不同 CaO 含量下各金属损失率

综上，为降低合金中杂质元素含量，提高各有价金属直收率，实验过程的氧化钙含量不宜过大，控制在 14.5% 较为适宜。

6.2.4 Fe/SiO₂ 质量比对金属回收的影响

炉渣组成中不仅 CaO 含量会影响炉渣的性质，Fe/SiO₂ 质量比也是重要因素之一。由于炉渣中存在大量的 SiO₂，而 SiO₂ 的结构为稳定的网状，因此需要通过改变 Fe/SiO₂ 质量比，使炉渣黏度降低促进熔炼试验的进行。通过热力学计算结果可知，炉渣中其他成分一定，炉渣的黏度会随着 Fe/SiO₂ 质量比的增大而降低。为探究适合熔炼试验进行的炉渣熔化温度和黏度，合理的 Fe/SiO₂ 质量比选择至关重要。

为探究 Fe/SiO₂ 质量比对有价金属回收的影响，控制熔炼温度 1250℃，熔炼时间 1h，CaO 含量为 14.5%，氧气浓度为 30%，通氧量为 24L，澄清 40min，探究 Fe/SiO₂ 质量比为 0.85、0.95、1.05、1.15 对熔炼实验的影响。

图 6-13 所示为不同 Fe/SiO₂ 质量比合金中各元素含量的变化情况。由图 6-13 可见，随着铁硅比的增大，熔炼所得的合金质量逐渐减少，合金中铜含量逐渐增大；合金中锡的含量先逐渐增大，随后又有所减小；合金中镍的含量整体变化趋势较缓；合金中的 Fe 含量随着铁硅比的增大整体呈现出减小的趋势。这是因为随着铁硅比的增大，炉渣的黏度逐渐降低，且降低的幅度较大，利于熔炼过程熔体的流动，促进氧化反应的进行，使合金中杂质铁含量明显降低。

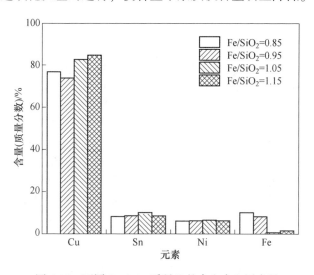

图 6-13 不同 Fe/SiO₂ 质量比的合金中金属含量

图 6-14 所示为不同 Fe/SiO₂ 质量比金-渣分配比，由图可知，随着铁硅比的增大，金-渣分配比逐渐降低。图 6-15 所示为不同 Fe/SiO₂ 质量比对各金属直收率的影响。由图 6-15 可见，随着铁硅比的增大，Cu、Sn、Ni 的直收率呈整体下降趋势，这是因为铁硅比的增大会导致炉渣黏度降低，熔池流动性提高，富氧气

体对熔池的搅动效果提高，从何提高富氧气体与各金属接触概率，各金属氧化效果增大，导致部分 Cu、Sn、Ni 氧化入渣，金-渣分配比及直收率随着铁硅比增大而降低。

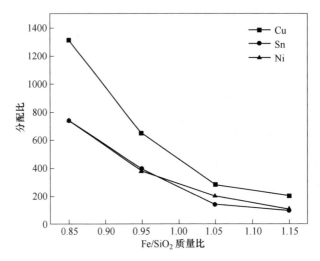

图 6-14   不同 Fe/SiO$_2$ 质量比的合金中金-渣分配比

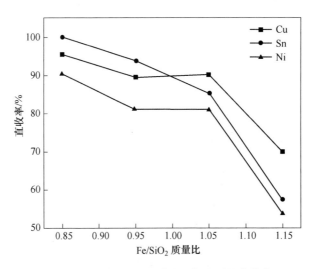

图 6-15   不同 Fe/SiO$_2$ 质量比各金属的直收率

对熔炼后的炉渣成分进行检测分析，可知各金属的损失率，其结果如图 6-16 所示，在 Fe/SiO$_2$ 质量比增大时，Cu、Sn、Ni 的损失率都有明显的升高，与各金属直收率情况相符，这是由于随着 Fe/SiO$_2$ 的不断升高，炉渣的黏度不断降低，熔池流动性提高，气流对熔池搅动作用加大，氧化反应得到了充分进行，使废旧电路板中的铁氧化进渣外，其他有价金属也被氧化入渣，因此，Cu、Sn、Ni 的损失率也随着 Fe/SiO₂ 的增大而增加。

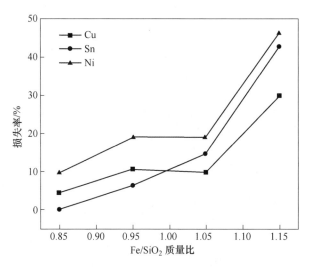

图 6-16　不同 Fe/SiO₂ 质量比金属损失率

根据上述实验结果可知，为了确保较高的金属回收率和较低的杂质金属含量，渣金分离效果好，熔炼实验的铁硅比要控制在 1.05 较为适宜。

6.3　最优条件产物分析

通过前面富氧浓度、氧气量、钙硅比、铁硅比的条件实验情况，可知，废旧电路板高温熔炼回收有价金属的最优条件应是：富氧浓度、通氧总量分别为 30%、24L，熔炼实验温度为 1250℃，氧化钙含量、铁硅比分别为 14.5% 和 1.05。最优条件下所得合金及渣的 ICP 检测结果见表 6-1。由表可知，该实验参数下，合金中铜、锡、镍、铁、金、银的含量分别为 82.73%、10.17%、6.69%、0.66%、0.06%、0.51%。其中，合金中杂质金属仅占 0.66%，所得合金品质较高，达到了有价金属回收的目的。图 6-17 所示为最优条件下得到的合金和炉渣，从图中可知，合金聚集效果好，金属团聚成块，炉渣中并未有明显的金属小颗粒存在，冷却后的炉渣表面平整，说明在这个条件下，炉渣流动性强，

表 6-1　**最优条件合金及渣中各金属含量**（质量分数）　（%）

元素	Cu	Fe	Sn	Ni	Au	Ag
合金中含量	82.73	0.66	10.17	6.69	0.06	0.51
渣中含量	0.58	—	0.16	0.09	—	—

利于熔炼实验开展。

　　为研究在最优条件下的合金与炉渣形貌及各元素在合金与炉渣中的分布情况，对合金与炉渣进行了电子显微镜检测及 XRD 检测，合金背散射图如图 6-18 所示，合金面扫能谱图如图 6-19 所示，合金点扫结果见表 6-2。从面扫和点扫结果可知，图中亮白色区域主要为 Sn、Ni 组成，合金中 Sn、Ni 以镶嵌形式分布于铜周围。

 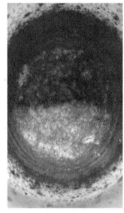 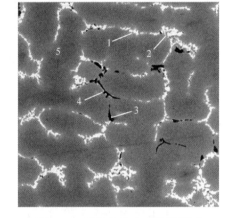

图 6-17　最优条件下所得合金和炉渣　　　　　图 6-18　最优条件合金背散射图

图 6-19　最优条件所得合金面扫结果

  熔炼渣的背散射图像及面扫能谱图如图 6-20 所示。对熔炼渣的各个区域进行了点扫分析，其结果见表 6-3。由此可知，熔炼渣主要由钙、镁、铝、硅和铁的氧化物组成，并且渣中夹杂着少量金属。合金的 XRD 图谱如图 6-21（a）所示，从图中可知，高温熔炼得到的合金主要以铜锡镍铁为主。熔炼渣的 XRD 图谱如图 6-21（b）所示，由图可知，熔炼渣的主要物相为 Cu、Ni 氧化物和镁铁硅氧化物。由熔炼渣的物相可知在高温熔炼过程中，CaO、SiO_2、MgO 等进行了造渣反应。

表 6-2　图 6-18 中不同区域元素含量（质量分数）　　　　　　（%）

点数	Cu	Sn	Ni	Fe
1	42.25	44.20	13.24	0.31
2	41.55	43.56	14.61	0.28
3	97.09	0.31	0.17	2.43
4	87.05	0	0.25	12.69
5	83.16	7.63	7.73	1.48

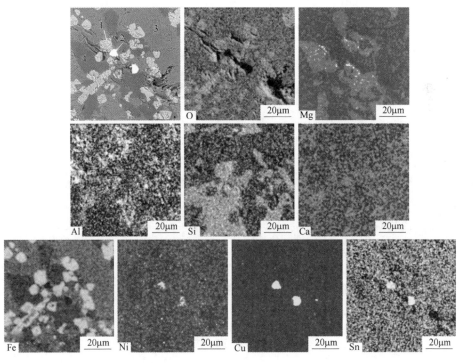

图 6-20　最优条件熔炼渣面扫结果

表 6-3　图 6-20 中不同区域元素含量（质量分数）　　　　（%）

点数	O	Mg	Al	Si	Ca	Fe	Ni	Cu	Sn
1	25.39	0.31	4.46	0	0	69.53	0	0	0.31
2	2.519	0	0	0	0	3.81	1.69	81.23	10.75
3	35.38	0.36	4.57	15.17	19.64	24.09	0	0	0.80
4	36.53	3.31	6.57	20.41	18.76	13.72	0.04	0	0.66

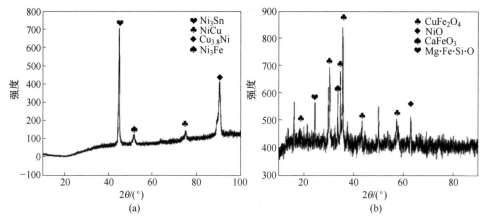

图 6-21　最优条件下合金和熔炼渣 XRD 图片

（a）合金 XRD 图谱；（b）熔炼渣 XRD

6.4　本 章 小 结

（1）根据实验结果可知，固定氧气浓度 30%，氧量为 24L，CaO 含量为 14.5%，Fe/SiO$_2$ 质量为 1.05 时为最优试验条件，该条件下，合金中 Cu、Sn、Ni、Fe、Ag、Au 的含量分别为 82.73%、10.17%、6.69%、0.66%、0.51%、0.06%。Cu、Sn、Ni 的直收率分别为 90.18%、85.32%、81.09%。

（2）通过对较优条件下的合金和炉渣分析可知，合金聚集效果好，炉渣中并未有明显的金属小颗粒存在，冷却后的炉渣表面平整。通过对合金及炉渣电镜分析及 XRD 检测可知，在合金中，Sn、Ni 以镶嵌在 Cu 周围的形式存在，炉渣主要以钙镁铝硅铁的氧化物组成。高温熔炼过程中 CaO、SiO$_2$ 等氧化物发生了造渣反应提供了试验所需造渣剂。

参 考 文 献

[1] 郭键柄，陈正，黄文，等．顶吹炉处理废旧电路板的渣型理论研究 [J]．有色金属（冶炼

部分），2021（11）：15-20.

[2] 彭浩，朱军，王斌，等 . 废旧电路板中有价金属回收试验研究 [J]. 矿冶工程，2021，41
（5）：99-102，106.

[3] 王瑞祥，周杰，刘茶香，等 . 复杂金精矿-NaOH-O_2 系热力学分析及应用 [J]. 有色金属
（冶炼部分），2021（5）：67-78.

[4] GHODRAT M，RHAMDHANI A M，KHALIQ A，et al. Thermodynamic analysis of metals
recycling out of waste printed circuit board through secondary copper smelting [J]. Journal of
Material Cycles and Waste Management，2018，20（1）：386-401.

[5] PARK S H，HAN S Y，PARK H J. Massive Recycling of Waste Mobile Phones：Pyrolysis,
Physical Treatment，and Pyrometallurgical Processing of Insoluble Residue [J]. ACS Sustainable
Chemistry & Engineering，2019，7（16）：14119-14125.

[6] HAO J，WANG Y，WU Y，et al. Metal recovery from waste printed circuit boards：A review for
current status and perspectives [J]. Resources，Conservation & Recycling，2020，157：
104787.

[7] LU Y，XU Z. Precious metals recovery from waste printed circuit boards：A review for current
status and perspective [J]. Resources，Conservation & Recycling，2016，113：28-39.

[8] CHEN B，HE J，SUN X J，et al. Separating and recycling metal mixture of pyrolyzed waste
printed circuit boards by a combined method [J]. Waste Management，2020，107：113-120.

[9] WAN X B，PEKKA T，SHI J J，et al. Reaction mechanisms of waste printed circuit board
recycling in copper smelting：The impurity elements [J]. Minerals Engineering，2021,
160：106709.

7　废旧电路板熔炼过程元素分配行为

7.1　概　　述

本书讨论了富氧浓度、氧量、CaO 含量和铁硅比对金属回收效果的影响。在各个试验条件下，废旧电路板中的金属都存在部分损失入渣的现象，在熔炼过程中，金属进入熔炼渣主要有两种方式：机械夹带、化学损失[1-2]。通过探究金属元素分配行为可以总结出金属损失的主要原因，从而有效减少金属损失，最大化回收废旧电路板中的有价金属。因此，本章将通过 XRD 衍射仪和扫描电子显微镜对各个条件下的合金及熔炼渣进行检测，为熔炼过程中各金属元素的分配行为提供依据和基础。

7.2　氧浓度对元素分配行为的影响

对氧浓度（体积分数）30%、40%、50%、60%实验条件下的熔炼合金及熔炼渣进行扫描电子显微镜-能谱分析检测及 XRD 分析。图 7-1（a）~（d）所示为不同氧浓度条件下合金的 XRD 图谱，从 XRD 图谱可知，熔炼得到的合金主要为 Cu、Sn、Ni、Fe 几种元素的衍射峰，随着氧浓度增大，含 Fe 元素的衍射峰增多。

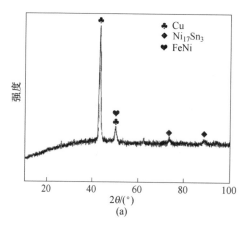

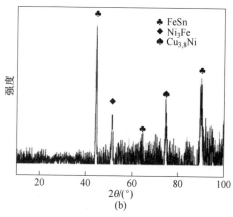

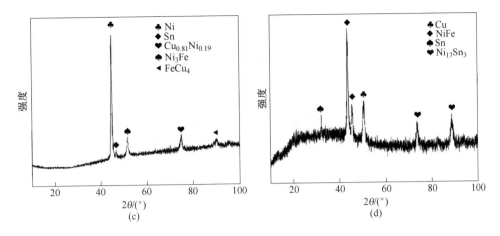

图 7-1　不同氧浓度下所得合金的 XRD 图谱

(a) 氧浓度为 30%；(b) 氧浓度为 40%；(c) 氧浓度为 50%；(d) 氧浓度为 60%

图 7-2 分别为氧浓度 30%、40%、50%、60% 下的熔炼合金电镜背散射结果图，为了分析不同氧浓度条件下合金中各个区域的成分，对各个区域进行了点扫分析，其结果见表 7-1。结合表中数据可知，合金中灰黑色区域主要是铜含量高所形成区域，亮灰色区域主要为铜锡及部分镍聚集。图 7-3~图 7-6 所示为不同氧浓度下合金的面扫能谱图，从图可知合金中各元素分布情况。由图可知，不同氧浓度条件下，锡和镍大多以镶嵌于铜周边形式存在，并且，随着氧浓度升高，合金中铁元素面积占比显著增加，锡镍含量较多的灰白色区域面积占比稍许减小。随着氧浓度升高，合金中的铁含量不断增大，从合金面扫能谱图可知，在合金中镍易与铁聚集，这一结构对后续除 Fe 造成一定困难，为了尽可能除去杂质 Fe 可能会导致有价金属的大量损失，从而导致有价金属回收效率降低[3]。这是因为熔炼过程中，氧浓度是由固定氧气流速，改变氮气流速来控制，随着氧浓度的增

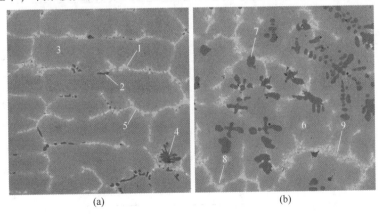

(a)　　　　　　　　　　(b)

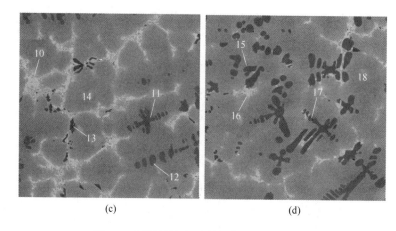

(c)   (d)

图 7-2 不同氧浓度下所得合金的背散射图

（a）氧浓度为 30%；（b）氧浓度为 40%；（c）氧浓度为 50%；（d）氧浓度为 60%

加，整体气流量减小，对熔池的搅动效果降低，杂质铁元素被氧化入渣的机会降低[4]，从而导致合金中的铁元素随着氧浓度升高而更少的进入熔炼渣中，较多的存在于合金中。

表 7-1   不同区域元素含量（质量分数）   （%）

点数	Cu	Sn	Ni	Fe	物相
1	46.38	42.64	10.86	0.13	Cu-Sn-Ni
2	90.23	0.03	0.03	9.71	Cu-Fe
3	84.14	7.05	6.72	2.09	Cu-Sn-Ni-Fe
4	92.06	0	0.06	7.88	Cu-Fe
5	48.47	41.54	9.78	0.14	Cu-Sn-Ni
6	85.11	6.29	4.54	2.96	Cu-Sn-Ni-Fe
7	13.25	0.42	14.51	71.82	Cu-Ni-Fe
8	45.64	43.36	9.83	0.19	Cu-Sn-Ni
9	47.17	42.94	9.73	0.16	Cu-Sn-Ni
10	51.23	40.96	8.73	0.16	Cu-Sn-Ni
11	13.37	0.30	15.50	70.83	Cu-Ni-Fe
12	15.85	0.26	16.8	67.09	Cu-Ni-Fe
13	40.86	0.03	0.18	58.93	Cu-Fe
14	86.21	6.29	4.54	2.96	Cu-Sn-Ni-Fe
15	10.96	0.14	13.93	74.97	Cu-Ni-Fe

续表 7-1

点数	Cu	Sn	Ni	Fe	物相
16	47.93	42.37	9.52	0.18	Cu-Sn-Ni
17	1.92	0.09	0.03	97.96	Fe
18	86.84	5.87	5.01	2.28	Cu-Sn-Ni-Fe

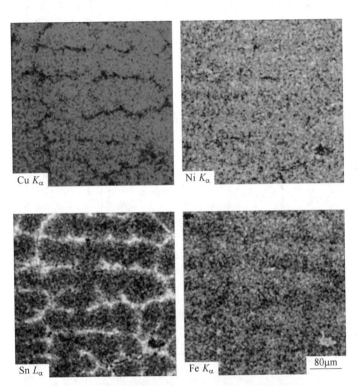

图 7-3 氧浓度为30%时所得合金面扫结果

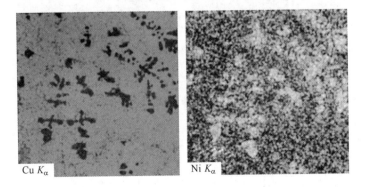

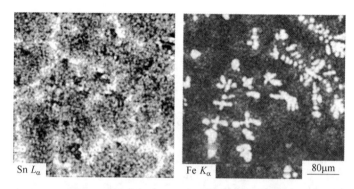

图 7-4   氧浓度为 40% 时所得合金面扫结果

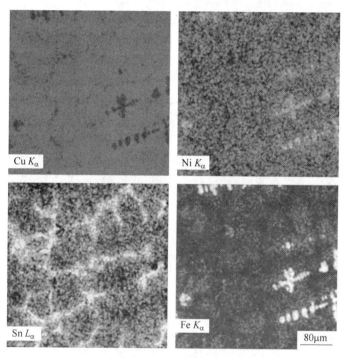

图 7-5   氧浓度为 50% 时所得合金面扫结果

为探究各元素以何种形式入渣，对各个氧浓度条件下的熔炼渣进行了 XRD 分析和不同区域的点扫分析，XRD 图谱和背散射图像分别如图 7-7 和图 7-8 所示，点扫结果见表 7-2。由图 7-7 可知，炉渣主要存在大量的钙镁硅铁氧化物和部分金属氧化物，氧浓度较低时，如图 7-7（a）和（b）所示，炉渣中含有金属氧化物的物相，随着氧浓度增加到 50%，如图 7-7（c）所示，产生了由 FeO 进一步氧化形成的 Fe_3O_4 物相。结合熔炼渣背散射图像及表 7-2 可知，熔炼渣中暗

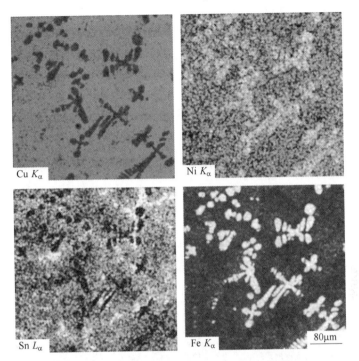

图 7-6   氧浓度为 60%时所得合金面扫结果

黑色大片区域如点 2、10、15、21，这些区域主要是由 Ca、Al、Mg、O、Si、Fe 组成的铁钙铝硅酸盐[5]，浅灰色片状区域如点 3、9、13、20，这些区域主要是 Fe、O 组成的铁氧化物，背散射图中一些浅亮色区域主要由金属物质组成。从表可知，图 7-8 中，点 4 和 5 主要由 Cu、Sn、Ni、O 组成，其中，点 4 中 Cu、Sn、Ni、Fe、O 含量分别为 83.65%、1.46%、0.44%、7.61%、2.11%，点 5 中 Cu、Sn、Ni、Fe、O 含量分别为 93.57%、0.79%、3.19%、1.18%。结合表中数据可知，图 7-8（b）中点 7、8 主要是由金属入渣后形成的亮色区域。

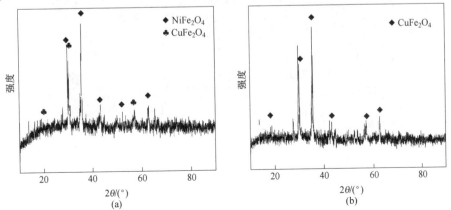

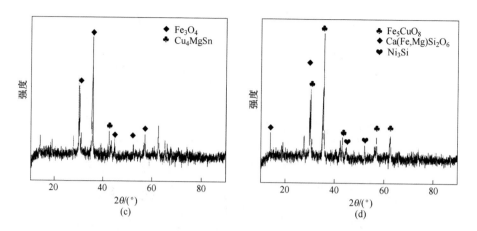

图 7-7　不同氧浓度下熔炼渣的 XRD 图谱

（a）氧浓度为 30%；（b）氧浓度为 40%；（c）氧浓度为 50%；（d）氧浓度为 60%

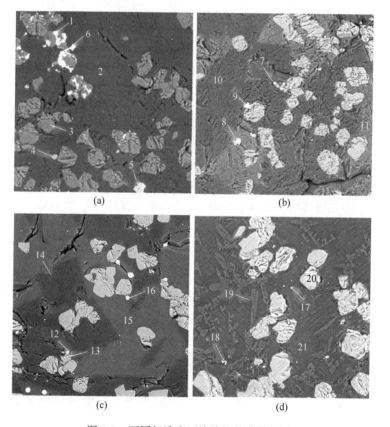

图 7-8　不同氧浓度下熔炼渣的背散射图

（a）氧浓度为 30%；（b）氧浓度为 40%；（c）氧浓度为 50%；（d）氧浓度为 60%

表 7-2 不同区域元素含量（质量分数）   （%）

点数	O	Mg	Al	Si	Ca	Fe	Ni	Cu	Sn	物相
1	47.57	0	3.08	7.99	15.17	23.96	0.91	1.31	0	O-Al-Si-Ca-Fe-Cu
2	37.26	0.09	6.85	19.80	22.69	12.47	0.01	0.02	0.78	O-Al-Si-Ca-Fe
3	24.11	0.93	2.58	0.08	0.29	71.14	0.57	0	0.31	O-Al-Fe
4	2.11	0	0.80	1.87	2.06	7.61	0.44	83.65	1.46	O-Si-Cu-Fe-Sn
5	1.18	0	0.48	0.36	0.44	3.19	0	93.57	0.79	Cu-Fe-O
6	46.47	0	2.92	0.89	5.43	41.32	1.63	1.02	0.34	O-Al-Ca-Fe-Cu
7	4.64	0	0.07	0.17	0	2.93	2.71	79.96	9.53	O-Fe-Ni-Cu-Sn
8	0.85	0	0	0	0	3.84	2.86	81.57	10.87	Fe-Cu-Sn-Ni
9	29.04	0.44	2.79	0	0.21	67.46	0	0.07	0	O-Fe-Al
10	37.00	2.69	5.87	19.48	18.98	15.41	0	0.021	0.55	O-Mg-Al-Si-Ca-Fe
11	37.97	0.29	5.40	18.46	17.90	19.31	0.07	0.10	0.53	O-Al-Si-Ca-Fe
12	0	0	0	0	0	0	0.58	87.09	12.32	Cu-Sn
13	33.87	0.33	3.28	0.22	0.27	61.88	0	0.09	0.07	O-Al-Fe
14	37.68	3.09	5.80	19.46	19.11	13.76	0.059	0.24	0.80	O-Mg-Al-Si-Ca-Fe
15	40.80	0	5.49	18.45	16.35	18.42	0	0	0.49	O-Al-Si-Ca-Fe
16	2.39	0	0	0.36	0	3.34	1.84	86.38	5.68	O-Fe-Cu-Sn-Ni
17	26.29	0.91	9.199	22.45	31.46	7.97	0.37	0.04	1.31	O-Al-Si-Ca-Fe-Sn
18	25.18	2.06	8.48	20.34	26.93	15.17	0.66	0	1.17	O-Mg-Al-Si-Ca-Fe-Sn
19	34.20	2.42	5.95	15.59	22.38	18.16	0	0.02	1.27	O-Mg-Al-Si-Ca-Fe
20	26.96	2.01	1.25	0.19	0.34	68.48	0.14	0.57	0.06	O-Mg-Fe
21	38.71	0.17	8.25	20.79	25.61	4.93	0.02	0.32	1.20	O-Al-Si-Ca-Fe

为分析熔炼渣中各元素分布情况，对熔炼渣进行了面扫能谱分析，如图7-9~图7-12所示，Cn、Sn、Ni亮点随着氧浓度增加而减少。随着氧量增大到60%时，熔炼渣面扫图如图7-12所示，含Cu区域与Fe含量高的区域重合，结合点扫结果可知，该氧浓度下，仅有少量Cu以氧化形式进入熔炼渣相。

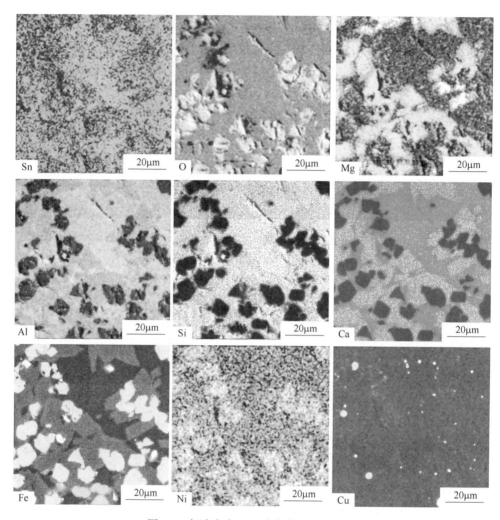

图 7-9 氧浓度为 30%时熔炼渣面扫结果

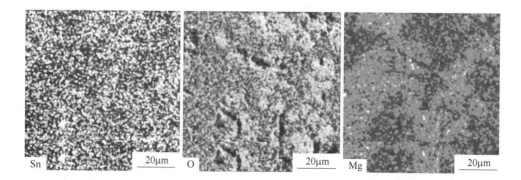

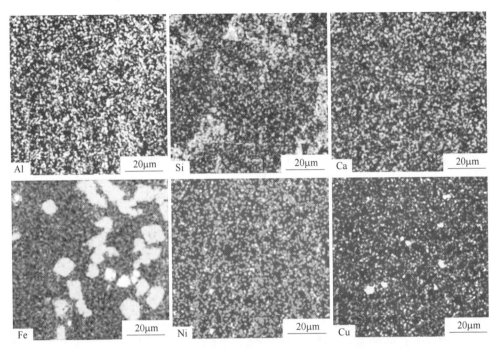

图 7-10 氧浓度为 40%时熔炼渣面扫结果

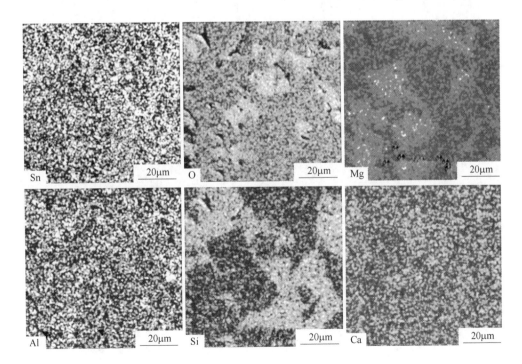

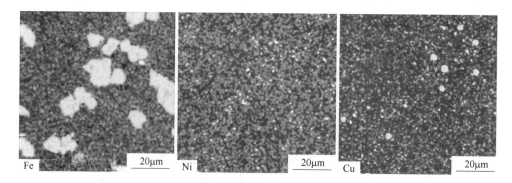

图 7-11　氧浓度为 50% 时熔炼渣面扫结果

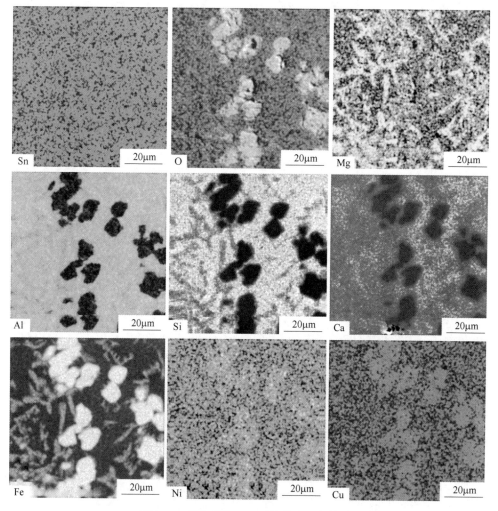

图 7-12　氧浓度为 60% 时熔炼渣面扫结果

7.3 氧量对元素分配行为的影响

为分析氧量对熔炼过程中金属元素分配行为的影响，对不同氧量（12L、24L、36L）实验下得到的合金和熔炼渣进行了 XRD 分析和扫描电子显微镜分析。不同氧量下的合金 XRD 图谱如图 7-13 所示。从 XRD 图谱可知，氧量越大，图谱中含 Fe 元素的衍射峰越少。不同氧量下得到的背散射像为图 7-14，合金中不同区域的元素含量情况见表 7-3。结合背散射图像及表 7-3 可知，在总氧量小时，铁含量高的深灰黑区域（如点 3、4）较多，随着氧量逐渐升高，铁含量高的深灰黑区域随着减少，并且，锡、镍含量较高的亮白色区域也随着氧量的升高而减少[6]。结合前期熔炼试验结果可知熔炼过程中通入氧量的多少会影响合金的除杂效果。各氧量条件下的面扫能谱图分别为图 7-15 ~ 图 7-17 所示，由图可知，Sn、Ni、Fe 镶嵌于 Cu 基体中，且随着氧量增加，Fe 聚集形成的亮斑逐渐减少，

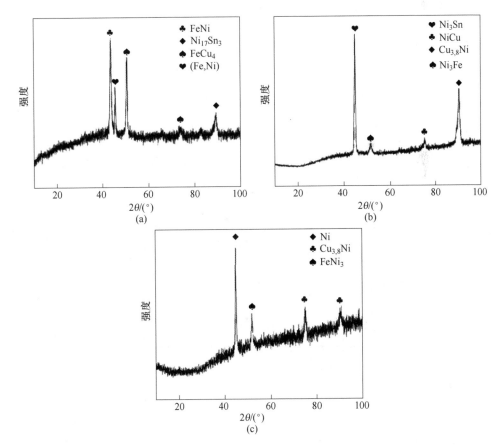

图 7-13　不同氧量下所得合金的 XRD 图谱
（a）氧量为 12L；（b）氧量为 24L；（c）氧量为 36L

从表 7-3 可知，随着氧量增大，Fe 与其他金属元素结合形成的物相逐渐减少[7]。根据面扫图可知，Fe 先于 Sn、Ni 消失于合金相，Ni 先于 Sn 消失于合金相。结合前期熔炼试验结果也可知氧量增大，熔炼所得合金质量减小，Fe 含量显著降低。这是因为氧量的增大，更多的金属进入渣，通过图 7-17 也可看出当氧量增大到36L 时，合金面扫能谱图颜色亮度较为单一，除 Cu 元素外其他元素形成的亮斑较少。

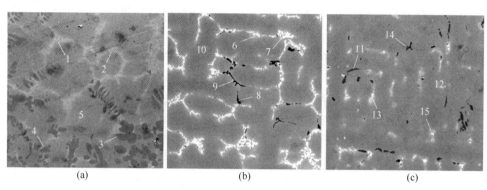

(a)　　　　　　　　　(b)　　　　　　　　　(c)

图 7-14　不同氧量下所得合金背散射图

（a）氧量为 12L；（b）氧量为 24L；（c）氧量为 36L

表 7-3　合金中不同区域元素含量（质量分数）　　　　　　（%）

点数	Cu	Sn	Ni	Fe	物相
1	55.09	39.15	5.58	0.18	Cu-Sn-Ni
2	87.51	10.82	1.1	0.57	Cu-Sn-Ni
3	10.65	0.29	9.02	80.04	Cu-Ni-Fe
4	10.26	0.03	11.94	77.77	Cu-Ni-Fe
5	86.93	7.49	3.62	1.96	Cu-Sn-Ni-Fe
6	42.25	44.20	13.24	0.31	Cu-Sn-Ni
7	41.55	43.56	14.61	0.28	Cu-Sn-Ni
8	97.09	0.31	0.17	2.43	Cu-Fe
9	87.05	0	0.25	12.69	Cu-Fe
10	83.16	7.63	7.73	1.48	Cu-Sn-Ni-Fe
11	99.68	0.07	0.16	0.09	Cu
12	87.59	6.67	5.57	0.17	Cu-Sn-Ni
13	60.87	28.58	10.43	0.12	Cu-Sn-Ni
14	99.86	0	0.14	0	Cu
15	61.43	30.65	7.83	0.09	Cu-Sn-Ni

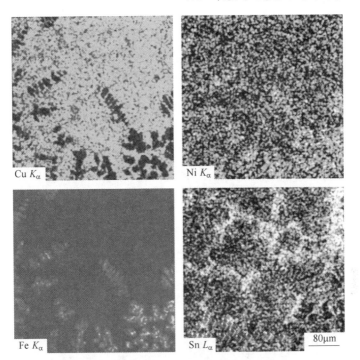

图 7-15 氧量为 12L 时所得合金面扫结果

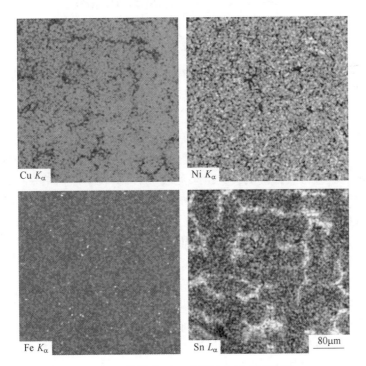

图 7-16 氧量为 24L 时所得合金面扫结果

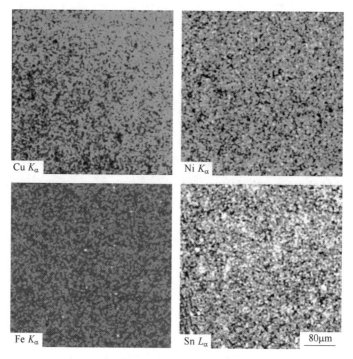

图 7-17 氧量为 36L 时所得合金面扫结果

为探究在熔炼过程中各元素如何入渣及在渣中以何种形式存在，对不同氧量下的熔炼渣进行了 XRD 检测和电镜检测，XRD 图谱如图 7-18 所示，从 XRD 图谱可知，在氧量为 12L 时，炉渣中主要有硅酸盐和铁酸盐等，随着氧量增大，逐渐检测出金属元素物相形成的衍射峰，且随着氧量增大到 36L 后，熔炼渣主要物相为 Cu、Ni 与 Fe 的氧化物形成的物相。这是由于氧量增加，炉渣中的 Fe 的氧化物进一步氧化形成 Fe_3O_4，Fe_3O_4 造成炉渣的黏度增大，有价金属机械损失进一步增大。各氧量条件下的熔炼渣背散射如图 7-19 所示，主要有四种颜色区域，对各个颜色区域进行点扫检测，其结果见表 7-4，从表中点扫结果可知，背散射图像中大片暗灰色区域为 Ca、Al、Si、Mg、Fe、O 元素形成的氧化物组成，浅灰色片状区域位置，主要是由于含 Fe、O 较多形成铁的氧化物组成。亮白色部分主要是金属元素入渣形成的[8]。对比不同氧量条件下的熔炼渣背散射图像可知，氧量增大，熔炼渣中金属聚集形成的亮点区域增多。

通过对背散射图中亮点进行点扫分析可知，亮点为金属以机械夹杂形式进入渣中形成。随着氧量增大，越多的金属以机械夹杂方式损失入渣，结合前期的熔炼实验结果可知，在总氧量大条件下熔炼所得的合金质量远远小于在总氧量小条件下得到的合金质量，这是因为氧量增大，炉渣中的铁会被过量的氧气氧化成泡沫渣，从而增加炉渣黏度，导致金属无法很好的沉降富集。

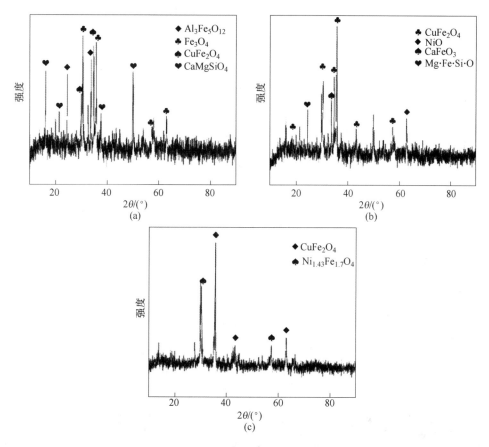

图 7-18 不同氧量下熔炼渣 XRD 图谱

（a）氧量为 12L；（b）氧量为 24L；（c）氧量为 36L

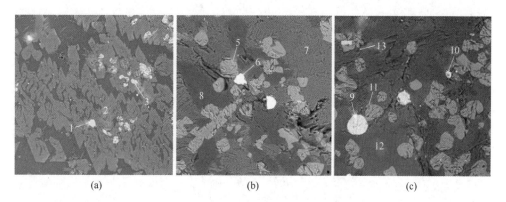

图 7-19 不同氧量下熔炼渣的背散射图

（a）氧量为 12L；（b）氧量为 24L；（c）氧量为 36L

表7-4 不同氧量下熔炼渣的不同区域元素含量（质量分数） （%）

点数	O	Mg	Al	Si	Ca	Fe	Ni	Cu	Sn	物相
1	2.44	0	0	0	0	3.56	6.69	60.64	26.67	O-Cu-Sn-Ni-Fe
2	34.83	1.63	20.39	0.13	0.19	42.73	0.02	0.07	0	O-Mg-Al-Fe
3	26.28	0.39	0.29	0.18	0.20	72.56	0.03	0.02	0.03	O-Fe
4	43.95	0	11.22	19.75	11.35	13.17	0	0.02	0.55	O-Al-Si-Ca-Fe
5	25.39	0.31	4.46	0	0	69.53	0	0	0.31	O-Fe
6	2.52	0	0	0	0	3.81	1.69	81.23	10.75	O-Fe-Cu-Sn-Ni
7	35.38	0.36	4.57	15.17	19.64	24.09	0	0	0.80	O-Al-Si-Ca-Fe
8	36.53	3.31	6.57	20.41	18.76	13.72	0.04	0	0.66	O-Mg-Al-Si-Ca-Fe
9	2.14	0	0	0	0.49	1.85	0.71	90.99	3.81	O-Fe-Cu-Sn
10	3.59	0	0.19	0.69	0.68	3.79	1.56	84.80	4.69	O-Fe-Cu-Sn-Ni
11	29.86	0.65	3.21	0.38	0.35	65.12	0.06	0.09	0.29	O-Al-Fe
12	39.18	0.22	5.52	18.15	17.47	19.11	0.14	0.03	0.19	O-Al-Si-Ca-Fe
13	2.60	0	0.52	2.21	2.42	3.26	0.35	88.65	0	O-Fe-Cu-Sn-Ni-Si-Ca

对不同氧量下的熔炼渣进行了面扫能谱分析，如图7-20~图7-22所示，随着氧量增加，含金属元素产生的亮斑逐渐增大，亮斑数量也随之增加。在氧量为12L时，面扫能谱图如图7-20所示，金属亮斑嵌于镁铝铁氧化物内部。

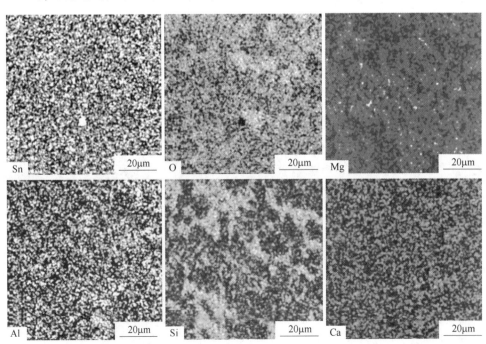

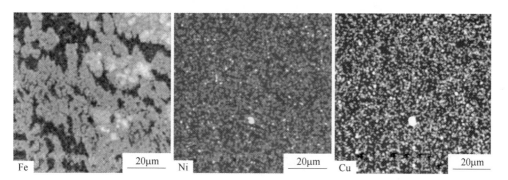

图 7-20　氧量为 12L 时熔炼渣面扫结果

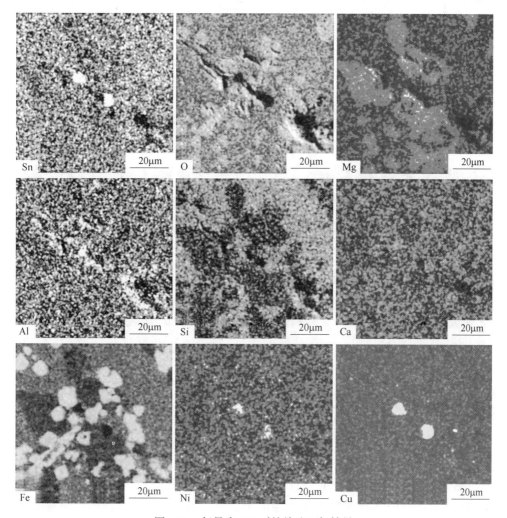

图 7-21　氧量为 24L 时熔炼渣面扫结果

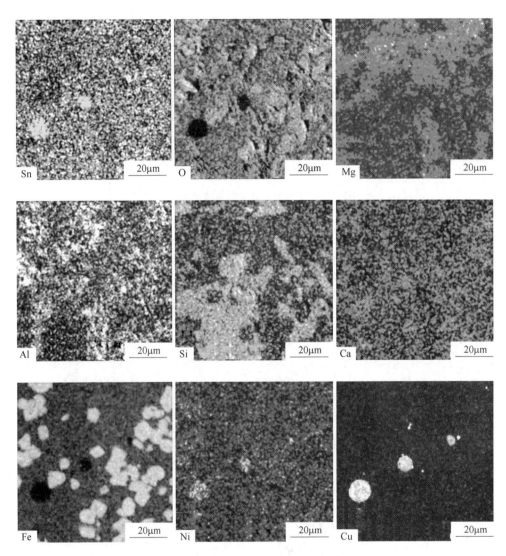

图 7-22　氧量为 36L 时熔炼渣面扫结果

7.4　CaO 含量对元素分配行为的影响

炉渣黏度会影响金属直收率，为研究 CaO 含量对各金属元素走向的影响，对不同 CaO 含量条件下实验得到的合金和熔炼渣进行了 XRD 检测和扫描电子显微镜检测分析。从不同 CaO 含量下合金 XRD 图谱（见图 7-23）可知，随着 CaO 含量的增大，图谱中逐渐出现含 Fe 元素的衍射峰。从不同 CaO 含量的合金背散射图像可知，到 CaO 含量为 10.5% 时，合金背散射图如图 7-24（a）所示，大片深灰色区域为含有铜锡镍的铜基体，亮白色区域为锡镍含量较高的 Cu-Sn-Ni 物相，深黑色区域其基本由铜组成[9]，从点扫结果（见表7-5）可知，点1铜含量高达99.45%。随着 CaO 含量升高至 16.5%时，合金背散射图像如图7-24（d）所示，锡、镍含量高的亮白色区域逐渐增多，并且出现了铁含量增加的暗灰色区域点19，其铁含量为 16.34%。由此可知，随着 CaO 含量增加，合金中锡、镍含量高的区域及铁含量高的区域逐渐增多。合金中各元素变化趋势与熔炼试验得出的结论一致。

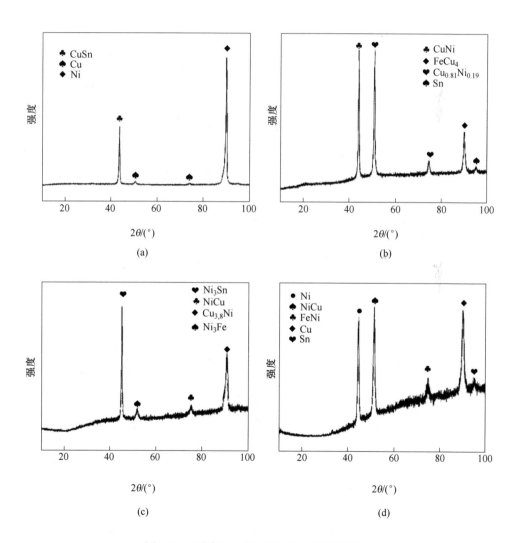

图 7-23 不同 CaO 含量下的合金 XRD 图谱

（a）CaO 含量为 10.5%；（b）CaO 含量为 12.5%；（c）CaO 含量为 14.5%；（d）CaO 含量为 16.5%

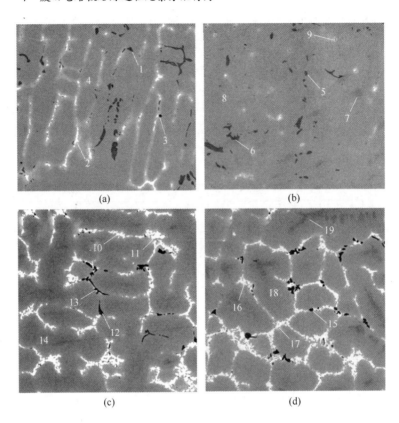

图 7-24 不同 CaO 含量合金的背散射图

（a）CaO 含量为 10.5%；（b）CaO 含量为 12.5%；（c）CaO 含量为 14.5%；（d）CaO 含量为 16.5%

表 7-5 不同 CaO 含量合金不同区域元素含量（质量分数）   （%）

点数	Cu	Sn	Ni	Fe	物相
1	99.45	0.25	0.24	0.06	Cu
2	44.35	41.87	13.77	0.01	Cu-Sn-Ni
3	66.57	26.53	0.87	6.03	Cu-Sn-Fe
4	90.78	4.12	5.00	0.10	Cu-Sn-Ni
5	98.72	0	0.20	1.08	Cu-Fe
6	96.51	0	0.27	3.22	Cu-Fe
7	91.89	4	3.98	0.13	Cu-Sn-Ni
8	91.34	4.46	4.12	0.08	Cu-Sn-Ni
9	26.73	48.73	24.55	0	Cu-Sn-Ni
10	42.25	44.2	13.24	0.31	Cu-Sn-Ni

点数	Cu	Sn	Ni	Fe	物相
11	41.55	43.56	14.61	0.28	Cu-Sn-Ni
12	97.09	0.31	0.17	2.43	Cu-Fe
13	87.05	0	0.25	12.69	Cu-Fe
14	83.16	7.63	7.73	1.48	Cu-Sn-Ni
15	82.42	0.10	0.07	17.41	Cu-Fe
16	47.37	42.16	10.41	0.06	Cu-Sn-Ni
17	47.05	46.99	5.70	0.26	Cu-Sn-Ni
18	81.29	8.75	7.07	2.89	Cu-Sn-Ni-Fe
19	62.96	5.32	15.37	16.34	Cu-Sn-Ni-Fe

　　为探究不同 CaO 含量下各金属在合金中的分布情况，对合金进行了能谱分析，如图 7-25 ~ 图 7-28 所示。锡主要以条状形式嵌于铜内部，在 CaO 含量为 10.5% 时，图中铁元素形成的亮色区域较小，随着 CaO 含量增大至 16.5% 时，合金中的铁与镍形成聚集镶嵌于铜中间。

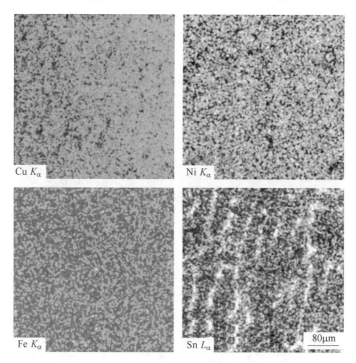

图 7-25　CaO 含量为 10.5% 时所得合金面扫结果

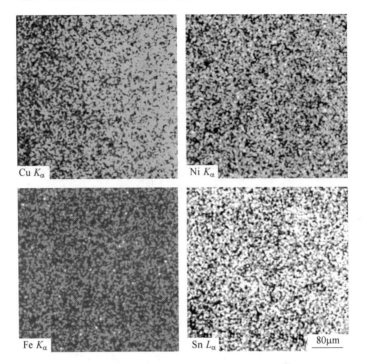

图 7-26　CaO 含量为 12.5%时所得合金面扫结果

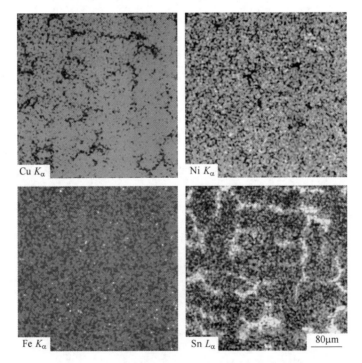

图 7-27　CaO 含量为 14.5%时所得合金面扫结果

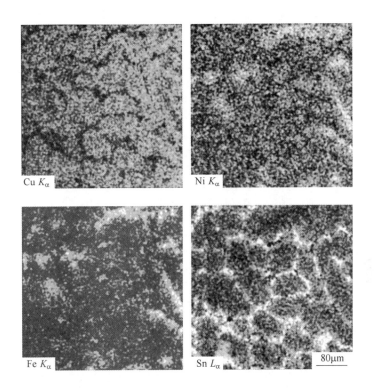

图 7-28　CaO 含量为 16.5%时所得合金面扫结果

　　为分析不同 CaO 含量对熔炼渣的影响，对各个条件下的熔炼渣进行了 XRD 分析和扫描电镜检测，XRD 图谱如图 7-29 所示，图中结晶峰主要为造渣形成的硅酸盐和铁酸盐等。当 CaO 含量为 10.5%时，其 XRD 图谱如图 7-29（a）所示，该条件下的熔炼渣存在 Cu、Sn、Ni 金属元素形成的物相衍射峰。当 CaO 含量逐渐增大，从熔炼渣的 XRD 图谱可知，含 Sn、Ni 化合物形成的衍射峰逐渐减少。在 CaO 含量为 10.5%时，熔炼渣的背散射图像如图 7-30（a）所示，由背散射图可见，主要存在 4 种不同衬度的区域，从表 7-6 可知，金属聚集形成的亮白色区域主要为 Cu-Fe-Sn-Ni 物相，Ca、Al、Si、Mg、Fe、O 形成的大片灰黑色区域，主要由 Fe、O 组成的铁的氧化物的片状灰色区域，由 Fe、O 组成但 Fe/O 质量比更低的长条状区域。随着 CaO 含量增加，当 CaO 含量增加到 16.5%时，炉渣中长条状区域消失，且由金属聚集形成的亮白色区域减少。

　　由点扫结果（见表 7-6）可知，炉渣中的金属聚集亮点是 Cu、Sn、Ni 以机械夹杂的方式进入炉渣中形成的。由前面热力学计算可知，随着 CaO 含量增加，炉渣黏度逐渐降低，当 CaO 含量少的时候，炉渣黏度过大导致气流无法充分搅动熔池，较多氧气直接与炉渣中的 Fe 反应形成磁性氧化铁，从而进一步加大炉渣黏度，使有价金属无法有效沉降，结合前期熔炼实验结果可知，当 CaO 含量小的时候，得到的合金质量远远低于 CaO 含量高时得到的合金质量[10]。由此可知，CaO 含量通过影响炉渣黏度对金属直收率造成影响，并且，CaO 含量的影响主要体现在金属的机械夹杂损失。对不同 CaO 含量下的熔炼渣进行面扫能谱分析，结果如图 7-31~图 7-34 所示。根据各条件下熔炼渣的面扫能谱图可知，有价金属Cu、Sn、Ni 主要以聚集的方式存在于熔炼渣中，较少量的金属以氧化方式存在于熔炼渣中[11]。并且，CaO 含量增加，熔炼渣中金属团聚体越小，越分散。这说明 CaO 含量的增加可以有效减少金属元素迁移入渣相。

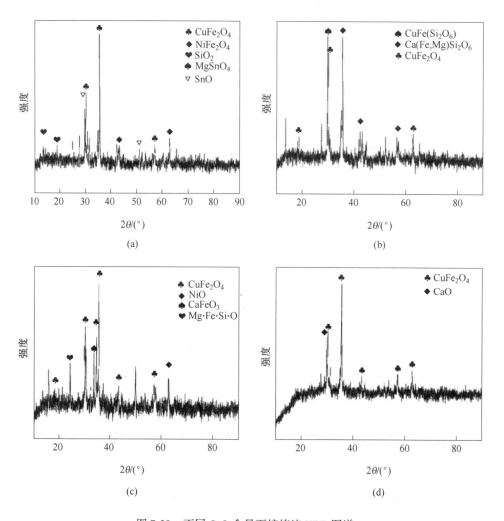

图 7-29　不同 CaO 含量下熔炼渣 XRD 图谱

（a）CaO 含量为 10.5%；（b）CaO 含量为 12.5%；（c）CaO 含量为 14.5%；（d）CaO 含量为 16.5%

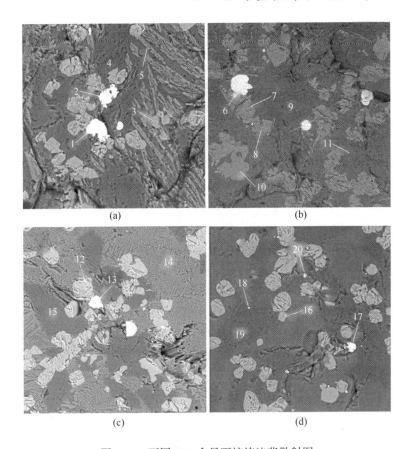

图 7-30　不同 CaO 含量下熔炼渣背散射图

（a）CaO 含量为 10.5%；（b）CaO 含量为 12.5%；（c）CaO 含量为 14.5%；（d）CaO 含量为 16.5%

表 7-6　不同 CaO 含量熔炼渣不同区域元素含量（质量分数）　　（%）

点数	O	Mg	Al	Si	Ca	Fe	Ni	Cu	Sn	物相
1	0.77	0	0	0.26	0	2.55	6.42	69.69	20.30	Cu-Fe-Sn-Ni
2	0.62	0	0	0.73	0	3.69	6.31	68.67	19.97	Cu-Fe-Sn-Ni
3	37.10	1.24	6.63	0.73	0.25	53.18	0.43	0.01	0.43	O-Al-Fe
4	35.57	3.49	5.18	19.32	19.35	15.19	0.18	0	0.92	O-Mg-Al-Si-Ca-Fe
5	32.46	1.09	3.43	15.89	7.19	39.31	0.139	0.02	0.45	O-Al-Si-Ca-Fe
6	1.77	0	0	0	0	2.09	8.89	69.03	18.21	O- Fe-Cu-Sn-Ni
7	30.53	0.59	4.46	0.19	0	63.81	0.05	0.13	0.24	O-Al-Fe
8	31.68	0.63	5.38	0.26	0.19	61.50	0.06	0.06	0.25	O-Al-Fe
9	39.72	2.7	5.17	19.12	18.41	14.18	0.04	0.26	0.40	O-Mg-Al-Si-Ca-Fe

点数	O	Mg	Al	Si	Ca	Fe	Ni	Cu	Sn	物相
10	31.48	0	5.26	0.167	0	62.89	0	0.02	0.18	O-Al-Fe
11	39.14	0.51	5.98	18.28	10.28	25.44	0.02	0	0.35	O-Al-Si-Ca-Fe
12	25.39	0.31	4.46	0	0	69.53	0	0	0.31	O-Al-Fe
13	2.519	0	0	0	0	3.81	1.69	81.23	10.75	O-Fe-Ni-Cu-Sn
14	35.38	0.36	4.57	15.17	19.64	24.09	0	0	0.80	O-Al-Si-Ca-Fe
15	36.53	3.31	6.57	20.41	18.76	13.72	0.04	0	0.66	O-Mg-Al-Si-Ca-Fe
16	26.49	0.89	3.14	0.13	0.47	68.63	0.17	0	0.08	O-Al-Si-Ca-Fe
17	1.09	1.31	0.91	0.97	0.76	4.94	0	88	2.02	O-Fe-Cu-Sn
18	8.19	1.24	3.17	7.50	6.27	5.45	0	65.35	2.83	O-Al-Si-Ca-Fe-Cu-Sn
19	36.76	0.43	5.88	17.88	25.26	12.96	0	0.083	0.75	O-Al-Si-Ca-Fe
20	13.38	0.82	3.42	10.13	12.59	8.68	0.40	49.19	1.39	O-Al-Si-Ca-Fe-Cu-Sn

　　为探究在不同 CaO 含量下各元素分布情况，对熔炼渣进行了面扫分析。其情况如图 7-31~图 7-34 所示。Cu、Sn、Ni 均以团聚形式存在于熔炼渣中，CaO 含量从 10.5% 增加到 16.5%，熔炼渣中由 Cu、Sn、Ni 金属团聚形成的部分较集中状态变为小颗粒聚集亮点。

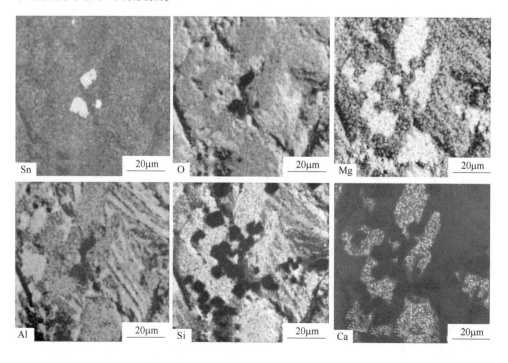

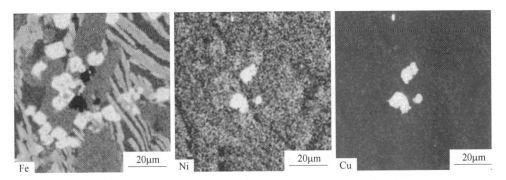

图 7-31 CaO 含量为 10.5%时熔炼渣面扫结果

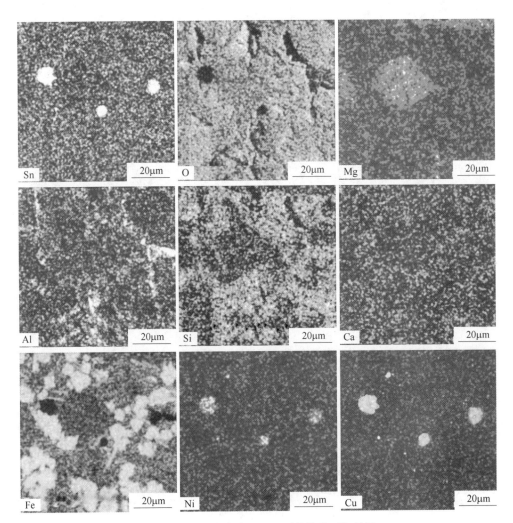

图 7-32 CaO 含量为 12.5%时熔炼渣面扫结果

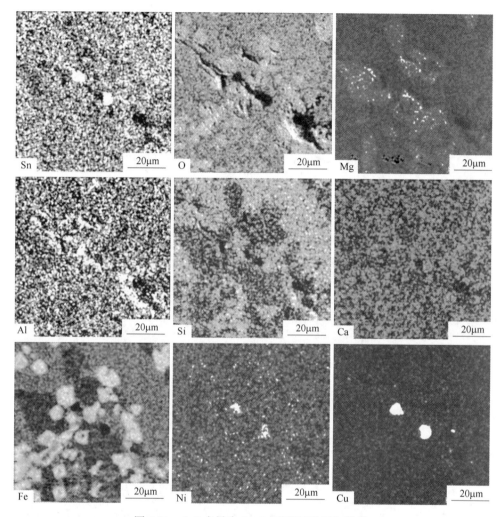

图 7-33　CaO 含量为 14.5%时熔炼渣面扫结果

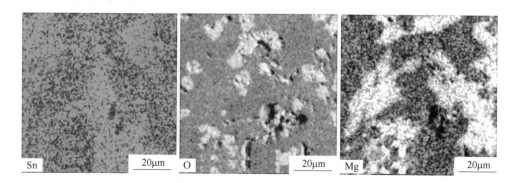

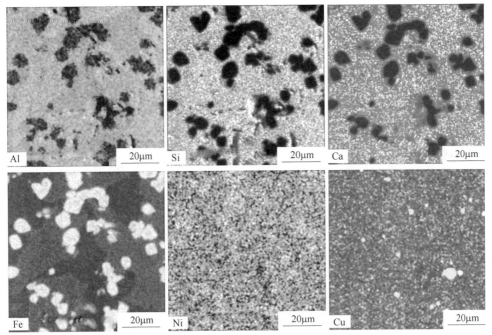

图 7-34　CaO 含量为 16.5% 时熔炼渣面扫结果

7.5　Fe/SiO₂ 质量比对元素分配行为的影响

为分析 Fe/SiO₂ 质量比在熔炼过程中对各个元素的影响，对不同 Fe/SiO₂ 质量比实验条件的合金和熔炼渣进行 XRD 分析和扫描电镜检测，图 7-35 所示为不同铁硅比下合金的 XRD 图谱，由图可知，在铁硅比为 0.95 时，图谱中存在较多含 Fe 物相，当铁硅比增大到 1.15 时，合金的 XRD 图谱如图 7-35（d）所示，图中含 Fe 物相减少。不同 Fe/SiO₂ 质量比条件下的合金的背散射图像如图 7-36 所示，当 Fe/SiO₂ 质量比为 0.85 时，合金背散射图像为 7-36（a）所示，深灰色区域主要为铜铁汇聚形成的 Cu-Fe 物相。大块主体浅灰色区域为铜锡镍铁形成的 Cu-Sn-Ni-Fe 物相。亮白色区域为铜锡镍形成的 Cu-Sn-Ni 物相，该区域由于锡镍含量高而呈现亮白色。深黑色区域为铜镍铁形成的 Cu-Ni-Fe 物相，由于该区域铁含量较高而呈现出深黑色。从背散射图像可知，随着 Fe/SiO₂ 质量比增大，铁含量较高的深灰色及深黑色区域逐渐减少。当 Fe/SiO₂ 质量比为 1.15 时，其背散射图如图 7-36（d）所示，主要由浅灰色基体和少量亮白色区域及含铜量达 85.29% 的深黑色区域组成。由此可知，随着铁硅比增大，金属铁会逐渐向炉渣中进入。结合合金的 XRD 图谱（见图 7-35）可知，铁硅比由 0.85 增大到 1.15，铁的物相形成的衍射峰逐渐减少。

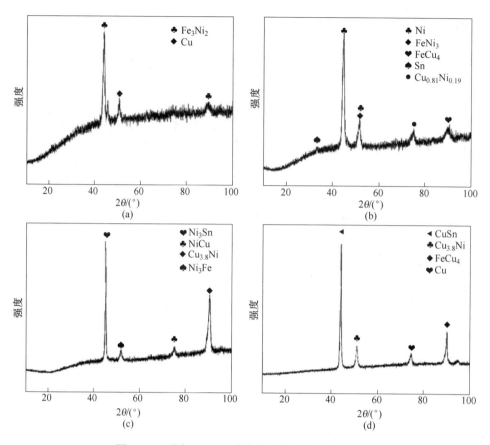

图 7-35   不同 Fe/SiO$_2$ 质量比下合金的 XRD 图谱

(a) Fe/SiO$_2$ 质量比为 0.85；（b）Fe/SiO$_2$ 质量比为 0.95；

（c）Fe/SiO$_2$ 质量比为 1.05；（d）Fe/SiO$_2$ 质量比为 1.15

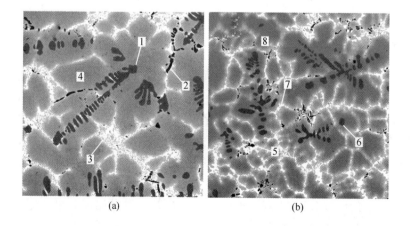

(a)   (b)

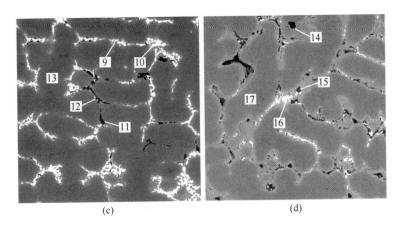

(c)   (d)

图 7-36   不同 Fe/SiO₂ 质量比下合金的背散射图

(a) Fe/SiO₂ 质量比为 0.85；(b) Fe/SiO₂ 质量比为 0.95；

(c) Fe/SiO₂ 质量比为 1.05；(d) Fe/SiO₂ 质量比为 1.15

为探究各金属元素在合金中的分布情况，对合金进行面扫分析如图 7-37~ 图 7-40 所示，点扫结果见表 7-7。不同铁硅比条件下，锡、镍、铁都以镶嵌于铜的方式存在，其中锡镍以多边形形式镶嵌，铁多与铜、镍形成 Cu-Fe、Cu-Ni-Fe 物相无序镶嵌。随着铁硅比的增大，镶嵌于铜周边的锡镍铁区域逐渐减少，铁锡镍逐渐以离散的状态分布于合金中。

由此可知，随着 Fe/SiO₂ 质量比的增大，合金中的铁会逐渐被氧化入渣，合金的铜品位会逐步提高，这与前期熔炼试验的结论趋势一致。

表 7-7   不同 Fe/SiO₂ 质量比合金不同区域元素含量（质量分数）   （%）

点数	Cu	Sn	Ni	Fe	物相
1	83.18	0.24	0.04	16.53	Cu-Fe
2	11.31	0.26	14.63	73.80	Cu-Ni-Fe
3	51.95	41.50	6.40	0.15	Cu-Sn-Ni
4	71.06	5.66	9.05	14.23	Cu-Sn-Ni-Fe
5	82.14	0	0.03	17.83	Cu-Fe
6	13.87	0.25	18.68	67.20	Cu-Ni-Fe
7	50.89	40.88	7.60	0.63	Cu-Sn-Ni
8	81.06	3.72	7.24	7.98	Cu-Sn-Ni-Fe
9	42.25	44.20	13.24	0.31	Cu-Sn-Ni
10	41.55	43.56	14.61	0.28	Cu-Sn-Ni
11	97.09	0.31	0.17	2.43	Cu-Fe

点数	Cu	Sn	Ni	Fe	物相
12	87.05	0	0.25	12.70	Cu-Fe
13	83.16	7.63	7.73	1.48	Cu-Sn-Ni-Fe
14	85.29	8.76	5.93	0.02	Cu-Sn-Ni
15	99.54	0.08	0.22	0.16	Cu
16	39.47	45.46	14.88	0.19	Cu-Sn-Ni
17	87.68	5.90	6.31	0.11	Cu-Sn-Ni

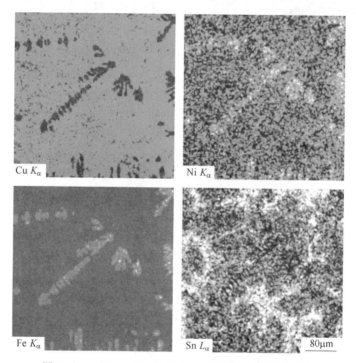

图 7-37   Fe/SiO$_2$ 质量比为 0.85 时所得合金面扫结果

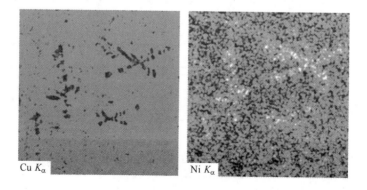

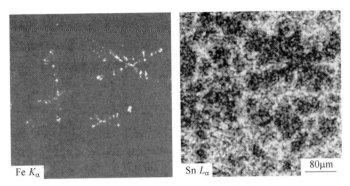

图 7-38　Fe/SiO$_2$ 质量比为 0.95 时所得合金面扫结果

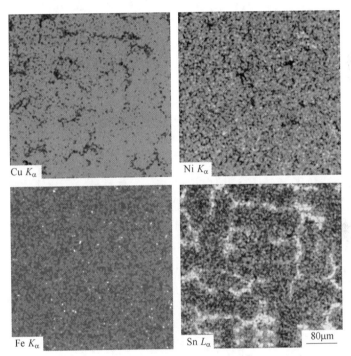

图 7-39　Fe/SiO$_2$ 质量比为 1.05 时所得合金面扫结果

　　为分析不同 Fe/SiO$_2$ 质量比对熔炼渣的影响，对各个条件下的熔炼渣进行了 XRD 分析和扫描电镜检测，XRD 图谱如图 7-41（a）~（d）所示，在 Fe/SiO$_2$ 质量比为 0.85 时，熔炼渣多为镁铁的氧化物，无有价金属物相形成的衍射峰。随着铁硅比增大到 1.15 时，XRD 图谱出现锡氧化物、镍氧化物和铜铁氧化物物相的衍射峰。当 Fe/SiO$_2$ 质量比为 0.85 时，熔炼渣的背散射图像如图 7-42（a）所示，主要存在 4 种颜色特征的区域，不同区域元素含量见表 7-8，其中，由金属

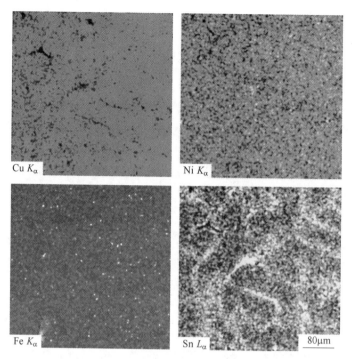

图 7-40　Fe/SiO$_2$ 质量比为 1.15 时所得合金面扫结果

入渣形成的亮白色区域，其物相为 Cu-Sn-Ni。大量铁硅钙氧化物形成的灰黑色区域，其物相为 O-Al-Si-Ca-Fe。从炉渣的背闪射图像可知，随着 Fe/SiO$_2$ 质量比增大到 0.95，熔炼渣背散射图如图 7-42（b）所示，出现大量浅灰色区域，由点扫元素含量结果可知，该区域主要为铁铝氧化物。随着 Fe/SiO$_2$ 质量比增大至 1.15，熔炼渣的背散射图像如图 7-42（d）所示，开始出现细长条灰黑色区域，

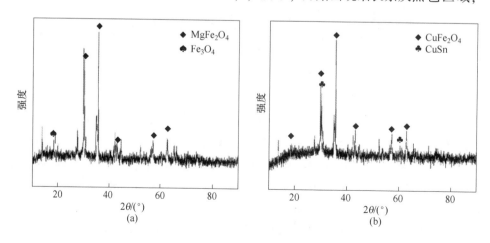

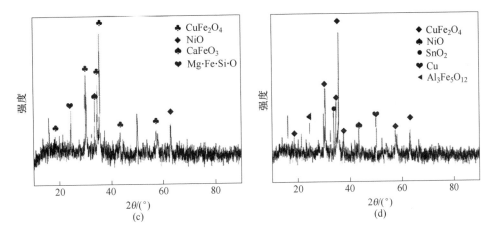

图 7-41 不同 Fe/SiO₂ 质量比下熔炼渣 XRD 图谱

（a）Fe/SiO₂ 质量比为 0.85；（b）Fe/SiO₂ 质量比为 0.95；
（c）Fe/SiO₂ 质量比为 1.05；（d）Fe/SiO₂ 质量比为 1.15

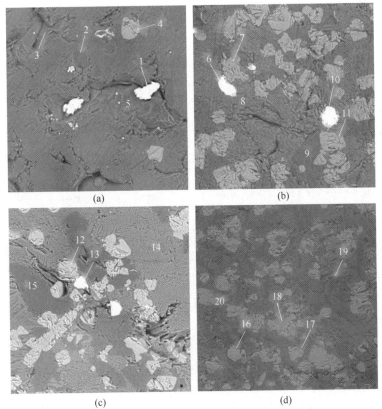

图 7-42 不同 Fe/SiO₂ 质量比下熔炼渣背散射图

（a）Fe/SiO₂ 质量比为 0.85；（b）Fe/SiO₂ 质量比为 0.95；
（c）Fe/SiO₂ 质量比为 1.05；（d）Fe/SiO₂ 质量比为 1.15

从点扫元素含量结果可知，该区域主要由钙铝镁氧化物及少量金属氧化进渣组成，当铁硅比为 1.15 时，图中出现铁铜氧化形成的灰色片状区域，并且从图中可以看出，该浅灰色区域面积占比较大。结合不同铁硅比熔炼渣的背散射图像及点扫结果可知，随着 Fe/SiO_2 质量比的增大，由 Cu、Sn、Ni 团聚形成的亮白色逐渐减少，铜铁氧化物物相增多，由此可知，铁硅比的增大，会促进有价金属以氧化损失的形式从合金相进入渣相。

表 7-8   不同 Fe/SiO_2 质量比下熔炼渣不同区域元素含量（质量分数）（%）

点数	O	Mg	Al	Si	Ca	Fe	Ni	Cu	Sn	物相
1	1.77	0	0	0	0	0.69	7.65	77.25	12.64	Cu-Ni-Sn-O
2	34.61	0	5.16	17.85	23.30	20.21	0.04	0	0.21	O-Al-Si-Ca-Fe
3	32.35	0.87	2.28	0.22	0.35	63.79	0.01	0.08	0.04	O-Al-Fe
4	32.19	0	6.32	22.07	23.41	16.02	0	0	0	O-Al-Si-Ca-Fe
5	40.22	1.76	5.12	18.00	19.80	14.59	0.01	0	0.50	O-Mg-Al-Si-Ca-Fe
6	1.57	0	0	1.03	0	2.99	5.02	75.42	13.96	O-Fe-Ni-Cu-Sn
7	25.91	0.30	4.12	0	0	69.40	0.05	0.10	0.12	O-Al-Fe
8	37.44	0.55	5.00	16.29	16.62	23.62	0.02	0.06	0.41	O-Al-Si-Ca-Fe
9	37.97	3.06	4.89	19.82	19.70	14.07	0.04	0	0.42	O-Mg-Al-Si-Ca-Fe
10	1.38	0	0	0	0	1.97	4.65	75.75	16.26	O-Fe-Ni-Cu-Sn
11	30.60	0.60	5.04	0.29	0	63.26	0	0.02	0.19	O-Al-Fe
12	25.39	0.31	4.46	0	0	69.53	0	0	0.31	O-Al-Fe
13	2.519	0	0	0	0	3.81	1.69	81.23	10.75	O-Fe-Ni-Cu-Sn
14	35.38	0.36	4.57	15.17	19.64	24.09	0	0	0.80	O-Al-Si-Ca-Fe
15	36.53	3.31	6.57	20.41	18.76	13.72	0.04	0	0.66	O-Mg-Al-Si-Ca-Fe
16	29.81	2.29	1.04	0	0.62	59.11	0	7.14	0	O-Mg-Fe-Cu
17	31.19	2.57	0.97	0	0.57	61.46	0	3.195	0.05	O-Mg-Fe-Cu
18	30.31	2.22	0.87	0	0.56	63.06	0	2.99	0	O-Mg-Fe-Cu
19	38.15	0	1.56	20.30	36.54	2.02	0.11	0.18	1.14	O-Al-Si-Ca-Fe
20	35.27	1.22	5.53	14.33	18.33	24.67	0.09	0.27	0.30	O-Mg-Al-Si-Ca-Fe

为探究在不同铁硅比下各元素分布情况，对熔炼渣进行了面扫分析。其情况如图 7-43~图 7-46 所示。Cu、Sn、Ni 以团聚形式存在于熔炼渣中，铁硅比从 0.85 增加到 1.15，熔炼渣中由 Cu、Sn、Ni 金属团聚形成的部分随之减小直至呈现分散状态。由此可知，在铁硅比高的情况，金属元素更多存在于合金相中。

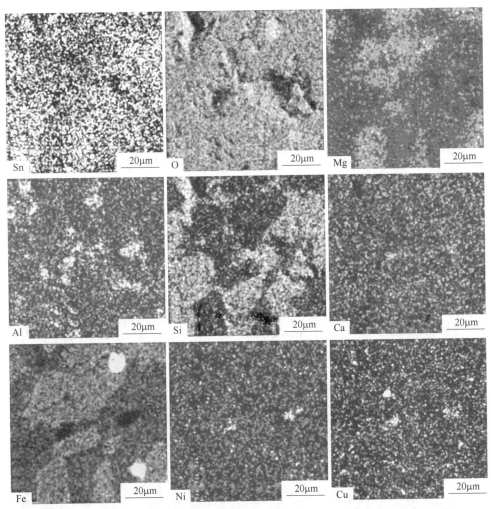

图 7-43　Fe/SiO$_2$ 质量比为 0.85 时熔炼渣面扫结果

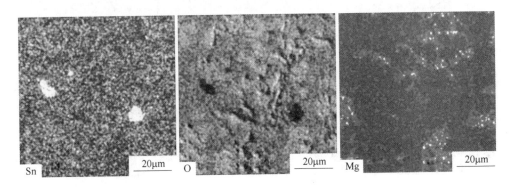

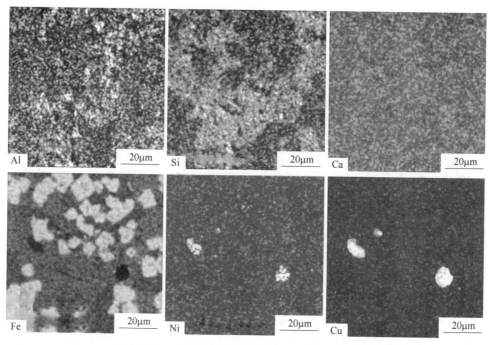

图 7-44   Fe/SiO$_2$ 质量比为 0.95 时熔炼渣面扫结果

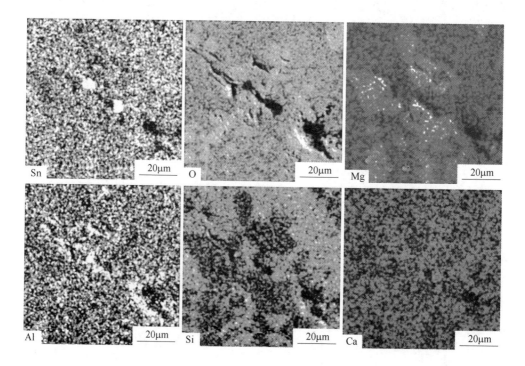

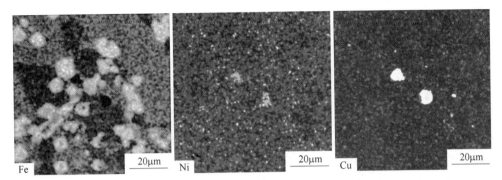

图 7-45 Fe/SiO$_2$ 质量比为 1.05 时熔炼渣面扫结果

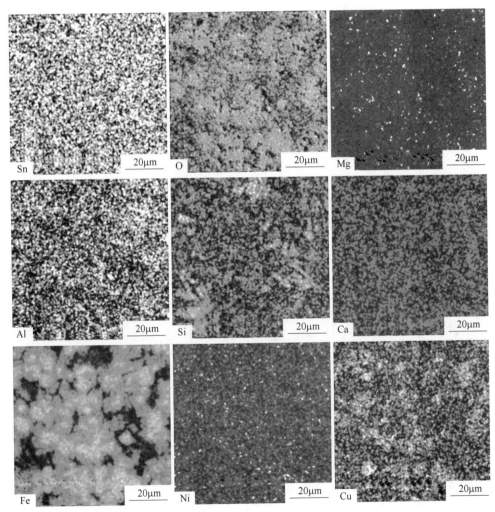

图 7-46 Fe/SiO$_2$ 质量比为 1.15 时熔炼渣面扫结果

7.6 本章小结

(1) 通过对各个熔炼条件产生的合金和熔炼渣进行扫描电镜检测和 XRD 检测可知,废旧电路板高温熔炼过程中,金属进入熔炼渣主要有机械夹带和化学损失两种方式。其中以机械夹带损失为主,少部分金属以化学损失方式入渣。

(2) 通过分析可知,在理论较优条件下进行熔炼试验,金属也较多以机械夹带损失进入渣中,说明在氧化过程中,炉渣的实际黏度会远大于理论计算黏度,从而造成实际试验中炉渣流动性不佳,不利于金属沉降。

(3) 有价金属在氧浓度低时较氧浓度高时更易损失于渣中;金属随着氧量增大而加大进入炉渣中的量,CaO 含量增大,黏度下降,有利于减少金属机械夹带损失,铁硅比的增大会降低炉渣黏度,会促进有价金属以氧化损失的形式从合金相进入渣相。由于熔炼过程中 Cu 易与 Sn 结合形成 Cu-Sn 合金,在同等条件下,Fe 和 Ni 较 Sn 更易入渣相。Fe 易与 Ni 聚集嵌于铜基中,在促使 Fe 进入渣相时,导致较多有价金属损失。

(4) 后续研究可通过适当提高氧浓度,降低通氧量,降低炉渣中 CaO 含量及铁硅比来实现回收效果的提升。

参 考 文 献

[1] WAN X, FELLMAN J, JOKILAAKSO A, et al. Behavior of waste printed circuit board (WPCB) materials in the copper matte smelting process [J]. Metals, 2018, 8 (11): 887.

[2] WAN X B, PEKKA T, SHI J J, et al. Reaction mechanisms of waste printed circuit board recycling in copper smelting: The impurity elements [J]. Minerals Engineering, 2021, 160 (1): 106709.

[3] WANG H, ZHANG G, HAO J, et al. Morphology, mineralogy and separation characteristics of nonmetallic fractions from waste printed circuit boards [J]. Journal of Cleaner Production, 2018, 170 (1): 1501-1507.

[4] CAYUMIL R, KHANNA R, RAJARAO R, et al. Concentration of precious metals during their recovery from electronic waste [J]. Waste Management, 2016, 57: 121-130.

[5] CAYUMIL R, KHANNA R, IKRAM-UL-HAQ M, et al. Generation of copper rich metallic phases from waste printed circuit boards [J]. Waste Management, 2014, 34 (10): 1783-1792.

[6] 万永光, 袁海滨. 降低顶吹炉炼锡烟尘率的措施及应用 [J]. 云南冶金, 2023, 52 (1): 157-161.

[7] MENG L, ZHONG Y W, WANG Z, et al. Selective recycling of Cu alloys from metal-rich particles of crushed waste printed circuit boards by high-temperature centrifugation [J]. 11th International Symposium on High-Temperature Metallurgical Processing, 2020: 987-1000.

［8］谢铿，王海北，马育新，等．高冰镍浸出渣冶金过程多金属走向行为探究［J］．有色金属（冶炼部分），2021（12）：20-27.

［9］ZENG G, SUI X, ZHAO X, et al. Efficient recycling of copper from waste-printed circuit boards via suspension electrolysis using response surface methodology［J］. Journal of Environmental Engineering, 2018, 144（4）：1-7.

［10］HE Y, XU Z. Recycling gold and copper from waste printed circuit boards using chlorination process［J］. RSC Advances, 2015, 5（12）：8957-8964.

［11］VENTURA E, FUTURO A, PINHO S, et al. Physical and thermal processing of waste printed circuit boards aiming for the recovery of gold and copper［J］. Journal of Environmental Management, 2018, 223：297-305.